Bernhard Kathan

SCHÖNE NEUE KUHSTALL WELT

Herrschaft, Kontrolle und Rinderhaltung

Martin Schmitz Verlag

Gefördert durch die Kulturabteilung des Landes Vorarlberg

tirol Kultur

Bibliografische Information der Deutschen Bibliothek
Die Deutsche Bibliothek verzeichnet diese Publikation in der Nationalbibliografie; detaillierte bibliografische Daten sind im Internet über http://dnb.ddb.de abrufbar.

ISBN 978-3-927795-50-1

Gestaltung: Tanja Wesse
Druck: Grafische Werkstatt von 1980 GmbH, Kassel

INHALTSVERZEICHNIS

„Sie leben ohne Schmerz,
ohne Furcht, ohne Erschütterung,
ein bis ins einzelne geregeltes Dasein,
befreit von den Bürden von ehemals.
Kann man dies aber als Glück bezeichnen? [...]
Sie sind glücklich. Glücklich! Glücklich!
Ich sage euch, daß sie glücklich sind,
daß sie sich wie Enten in einem Tümpel ergötzen,
in den spiegelglatten Gewässern eines –
ach, da ist das Wort, das aus meiner Feder quillt –
lest es nicht; ich schreibe: sozialen Automatismus!“

Victor Méric, *Die Verjüngten, 1928*

BLICK IN EINEN COMPUTERGESTEUERTEN KUHSTALL

Der Weg führt durch mehrere Räume, deren gekachelte Wände wie die geltenden Hygienestandards an Krankenhäuser oder Schlachthöfe denken lassen. Mein Blick fällt durch große Glasscheiben in einen hell erleuchteten Büroraum, dann in die Milchsammelstelle. Ich betrete eine große Halle, die im Hintergrund ins Freie geöffnet ist. Das durch Oberlichten einfallende Licht macht den Raum angenehm hell. Viele der Kühe liegen in Boxen, einzelne stehen in den Laufgängen, andere an den Kraftfutterstationen. Da öffnet sich ein Gatter, dort schiebt ein Roboterarm die Zitzenbecher unter das Euter, an anderer Stelle wird eine Kuh in eine Besamungsbox dirigiert.

War Milchwirtschaft bislang eine arbeitsintensive Angelegenheit, so sind Menschen hier nur noch in wenigen Bereichen erforderlich, etwa dann, wenn es gilt, eine Kuh zu besamen. Wer so einen Stall betreibt, steht dem Buchhalter näher als dem traditionellen Bauern, wobei „Buchhalter" insofern irreführend ist, als an die Stelle von Büchern Computerprogramme getreten sind, selbstschreibende Systeme, die dank der rund um die Uhr gesammelten Daten den Vorgaben entsprechend reagieren, Entscheidungen, die es zu treffen gilt, vorwegnehmen. Für den Bauern oder Unternehmer bleiben bestenfalls punktuelle Entscheidungen. Er muss sich etwa fragen, ob sich ein Tierarzt lohnt oder eine Kuh dem Schlachthof überantwortet werden soll.

Fragt man heute jemand nach den größten technischen Leistungen, dann werden die Raumfahrt, die Entschlüsselung des genetischen Codes oder die Transplantationsmedizin genannt. Wer denkt schon an Kuhställe! Dabei wurden hier innerhalb weniger Jahrzehnte höchst komplexe Systeme entwickelt, die es erlauben, Kühe nahezu vollkommen im Wechselspiel mit technischen Apparaturen zu organisieren.

Herdenmanagement lautet das Zauberwort der modernen Rinderhaltung. Das Futter wird nicht zu den Kühen gebracht, vielmehr suchen diese die Futterstellen, den Melkroboter oder ihre Liegeplätze aus eigenem Antrieb auf. Voraussetzung dafür sind leistungsfähige elektronische Systeme, die in der Lage sind, komplexe Abläufe zu steuern. Es bedurfte der Arbeit und Erfahrung unzähliger Agraringenieure, Informatiker, Verhaltensforscher, Veterinärmediziner oder anderer Spezialisten. Keines der Tiere ist angebunden, es bedarf keiner Schläge, um Kühe an den gewünschten Platz zu dirigieren, nicht länger sind Fress- und Melkzeiten an den Tagesrhythmus des Menschen gebunden. Das Futterangebot ist reichlich. Es finden sich selbst Apparate, die der Fellpflege dienen. Diese werden von den Kühen regelmäßig frequentiert. Anbieter solcher Systeme sprechen von artgerechter Tierhaltung, davon, dass der Landwirt eine andere Beziehung zu seinen Tieren aufbauen könne, da der mit einem gewissen Zwang verbundene enge Kontakt während des Melkens nicht länger notwendig sei. Auch Tierschützer können solchen Laufställen viel abgewinnen. Vorbei sind die Zeiten, in denen Kühe in dunklen und verschmutzten Ställen an Ketten hingen. Ihre Existenz im diesseitigen Kuhparadies mit ausreichendem und nahrhaftem Futterangebot (Raubtiere kennen diese Welt nicht) verdankt sich allerdings einzig einer entsprechenden Milchleistung.

Mag auch die Rede von artgerechter Tierhaltung sein, das Entscheidende findet sich dort, wo Bedürfnisse und Verhaltensdispositionen von Kühen systematisch für die Organisation der Bewegungsabläufe genutzt

werden. Die Tiere sollen sich nicht frei, sondern bestimmten Zielsetzungen entsprechend bewegen. Dies setzt eine Raumstruktur voraus, in der grundlegende Bedürfnisse jeweils nur in dem einen oder anderen Bereich befriedigt werden können. Das Gegenstück des Liegebereiches mit den Selbsttränken und der Silagefütterung bildet der Bereich mit den Kraftfutterstationen. Zwischen diesen Bereichen zirkulieren die Kühe. Sie müssen zurückkehren, wollen sie ihren Durst stillen, sie müssen den Melkautomaten passieren, um in den Bereich mit den Kraftfutterstationen zu gelangen. In diesen Durchgangspassagen lassen sich einzelne Tiere computergesteuert durch Selektionstore in kleinere Bereiche separieren, sei es zur Besamung, zum Kalben, zur Behandlung oder zum Abtransport in den Schlachthof.
Kühe lernen sehr rasch, sich in ihrer Maschinenwelt zurechtzufinden. Sie machen schnell die Erfahrung, dass das Verdrängen eines anderen Tieres von der Kraftfutterstation zu keinem Erfolg führt. Aus diesem Grund sind die ausgeschütteten Mengen so bemessen, dass keine Restmengen verbleiben. Auch wird das Futter dann bestmöglich verwertet, wenn die täglichen Kraftfuttermengen in kleinen Portionen aufgenommen werden. So lässt sich eine Pansenübersäuerung mit ihren nachteiligen Einflüssen auf Futterverwertung, Milchfettgehalt, Gesundheit und Fruchtbarkeit vermeiden. Und nicht zuletzt sind die Kühe so gezwungen, täglich mehrmals den Melkroboter zu passieren.
Die Anpassungsfähigkeit des Rindes prädestiniert dieses geradezu als Objekt moderner Verhaltenstechnologien. Mühelos lassen sich moderne Kuhställe als Modell künftiger totalitärer Herrschaft denken. Kathrin Oester schreibt, eine Kuhherde brauche, „wie die Bürgerinnen und Bürger unter der Staatsverwaltung, ein

Management, das mit mikroelektronischen Instrumenten Ordnung herstellt und die Produktivität der Tiere maximiert und steuert."[1] Tatsächlich ist es umgekehrt. Ob Embryonentransfer, implantierte Chips oder umfassende Datenerfassung mit all ihren Normierungen, in all diesen Bereichen befinden wir uns erst am Anfang dessen, was in der Rinderhaltung bereits üblich ist. Rindern und Kühen wird dies aufgezwungen, der Mensch wird sich dagegen aus eigenem Antrieb in seine technokratische Organisation fügen. Warum sollte man sich nicht einen Chip zur eindeutigen und schnellen Identifikation implantieren lassen, können dadurch Wartezeiten an Flughäfen vermieden werden. Menschen werden sich aus eigenem Antrieb in ihre Ausbeutung und Unterwerfung schicken, in eine Herrschaft, die sich der ständigen Bedürfnisbefriedigung wie dem Konsum verdanken wird. Mag unsere Gesellschaft auch noch weit von einer so umfassenden Organisation entfernt sein wie dies für einen computergesteuerten Kuhstall gilt, so ist doch nicht zu übersehen, dass Herdenmanagement zunehmend auch im Humanbereich an Bedeutung gewinnt. Die moderne Rinderhaltung dient hier zugleich als Modell wie als Ausgangspunkt. Wiederholt unternehme ich Ausflüge in die Literaturgeschichte, die manch groteskes Beispiel totalitärer Herrschaft kennt. Durchgehend beschäftigt mich dabei die Organisation von Bewegungsabläufen wie die Möglichkeit, Menschen oder Tiere in solche einzufügen.

---

1 Kathrin Oester, *Unheimliche Idylle. Zur Rhetorik heimatlicher Bilder*, Köln 1996, S. 50.

EINMAL IM JAHR WIRD WÄSCHE AUSGEGEBEN; VOM NEGLIGÉ BIS ZUM ÜBERROCK JEWEILS SECHS STÜCK

Als Modell totalitärer Herrschaft überzeugt ein computergesteuerter Kuhstall vor allem dort, wo sich sein Funktionieren der Nutzung vitaler Bedürfnisse und Verhaltensdispositionen verdankt. Das von Marquis de Sade in seiner Episode *Sainte-Marie des Bois* (1797) beschriebene Modell steht dazu in einem krassen Gegensatz. Vier Mönche halten in einer hermetisch abgeschirmten Anlage, die sie regelrecht bewirtschaften, sechzehn Mädchen gefangen. Die Architektur nimmt dabei bereits alles vorweg, was geschieht oder geschehen kann.

Im Souterrain ein großer Saal, acht Kellerabteile, von denen zwei als Kerker dienen, im Erdgeschoß Speisesaal, Küchen, Speisekammern und zwei Kabinette, die von den Mönchen dann benutzt werden, wollen sie sich nicht „unter den Augen ihrer Mitbrüder" vergnügen. Im Zwischengeschoß befinden sich acht Zimmer, vier davon sind mit einem Kabinett ausgestattet. In diesen Zellen übernachten die Mönche. In den anderen vier Zimmern sind die „bediensteten Brüder" untergebracht, der Kerkermeister, der Kammerdiener der Mönche, der Chirurg und der Küchenmeister. Im ersten Geschoß sind zwei Serails mit je einem großen Zimmer und acht Kabinetten. Das Bauwerk, das kaum aus der Erde ragt, liegt in einer künstlich geschaffenen Enklave, einer Insel mitten auf dem Festland, umschlossen von einem breiten Graben, einer starken Mauer und sechs hohen, mit Hecken und dichtem Buschholz bewachsenen Wällen. Das Dach des Gebäudes, „eine sehr dicke Wölbung mit einer Bleimulde voller Erde", ist mit immergrünen Stauden bepflanzt. Das Gebäude vermag selbst der nicht zu sehen, der vom Kirchturm die Landschaft überblickt. Er sieht nur Hecken, Gebüsch, Natur. Es gibt nur einen einzigen Zugang. Hinter dem Altar der Kirche des nahe gelegenen Benediktinerklosters befindet sich in der Vertäfelung eine Geheimtür, die sich durch den Druck einer Spannfeder nur dem öffnet, der um den Mechanismus weiß. Der lange unterirdische, „schlauchartige Gang voller Windungen" endet im Souterrain. Einzig die Mönche können die Klause betreten und auch wieder verlassen. Für alle anderen, auch für die bediensteten Brüder und die Dechantinnen, die der Aufsicht dienen, wird der Ort zum Grab. Jede Flucht ist unmöglich. Der Graben, die Mauer wie die heckenbewachsenen Wälle sind nicht zu überwinden, der unterirdische Gang ist verschlossen, zudem müsste man die toten Winkel kennen, um Fallen wissen.[1]

Als Gefangener, lebendig begraben, fantasierte de Sade von anderen Kerkern und Verließen, von üppigen Tafeln, von Nächten voller Ausschweifungen, so auch in seiner Episode *Sainte-Marie des Bois*. Das Spannende seiner Beschreibung liegt weniger in den Ausschweifungen als in der Mechanik, in der sie geschehen. Täglich um fünf Uhr abends betreten die Mönche die Klause, um sie am Morgen des folgenden Tages, exakt um die selbe Zeit, wieder zu verlassen. Abwechselnd bleibt einer von ihnen als „Wachhabender" zurück. Pünktlich um neun Uhr stehen die Mädchen und Frauen auf, worauf die „Visite" des Wachhabenden folgt. In einem großen Sessel sitzend (die Nacht war lang), betastet, küsst und untersucht er einen Körper nach dem anderen an jenen Stellen, die er liebt. Er legt fest, wer in welcher Kleidung zum Abendessen der Mönche zu erscheinen habe, er nimmt die Beschwerden der Dechantinnen entgegen, verteilt die Strafen. Der

Tagesablauf ist ebenso festgelegt wie die Strafen für begangene Regelverletzungen: Zu spät aufgestanden zu sein, wird mit dreißig Peitschenhieben bestraft. Fünfzig Hiebe treffen ein Mädchen, welches, sei es nun irrtümlich oder absichtlich, „den falschen Körperteil beim Akt" vorweist. Die Regel nicht angekündigt zu haben, hat sechzig Hiebe zur Folge. Eine Schwangerschaft hat noch am selben Tag hundert Hiebe zur Folge, „der kleinste Verdacht von Abscheu gegenüber den Wünschen der Mönche" zweihundert Hiebe.
Die Klause ist als endloser mechanischer Ablauf organisiert. Wird ein Mädchen eingeführt, wird ein anderes entlassen. Die Zahl ist immer dieselbe, sie beträgt immer sechzehn Mädchen. Wird einmal im Jahr die Wäsche ausgegeben, vom Negligé bis zum Überrock jeweils sechs Stück, muss alles andere abgegeben werden. Nicht das kleinste Stück darf behalten werden. Selbst die rätselhaften Entlassungen geschehen immer auf dieselbe Weise. An solchen Tagen treiben es die Mönche nur selten „bis zur äußersten Lust", als wollten sie „mit ihren Kräften haushalten". Sie trinken mehr als sonst und verbringen die Nacht allein. Werden Wünsche und Befehle üblicherweise mit Hilfe eines Glöckchens, das mit dem Zimmer des Kerkermeisters in Verbindung steht, oder mit Kärtchen, die den Namen der Gewünschten tragen, geäußert, tritt der Wachhabende persönlich auf, um das bestimmte Mädchen abzuholen. Die Mönche ändern sich nicht, sie werden ihrer Leidenschaften auch nach Jahrzehnten nicht überdrüssig, ihr Leben läuft ab wie ein Uhrwerk. Wie bei einem Uhrwerk ist es nach Stunden, Tagen, Monaten und Jahren organisiert. Aber ist ein Jahr abgelaufen, dann beginnt kein neues. Mögen Mädchen eingeführt und entlassen werden, ihre Körper und Gesichter sich ändern, so steht die Zeit doch still.

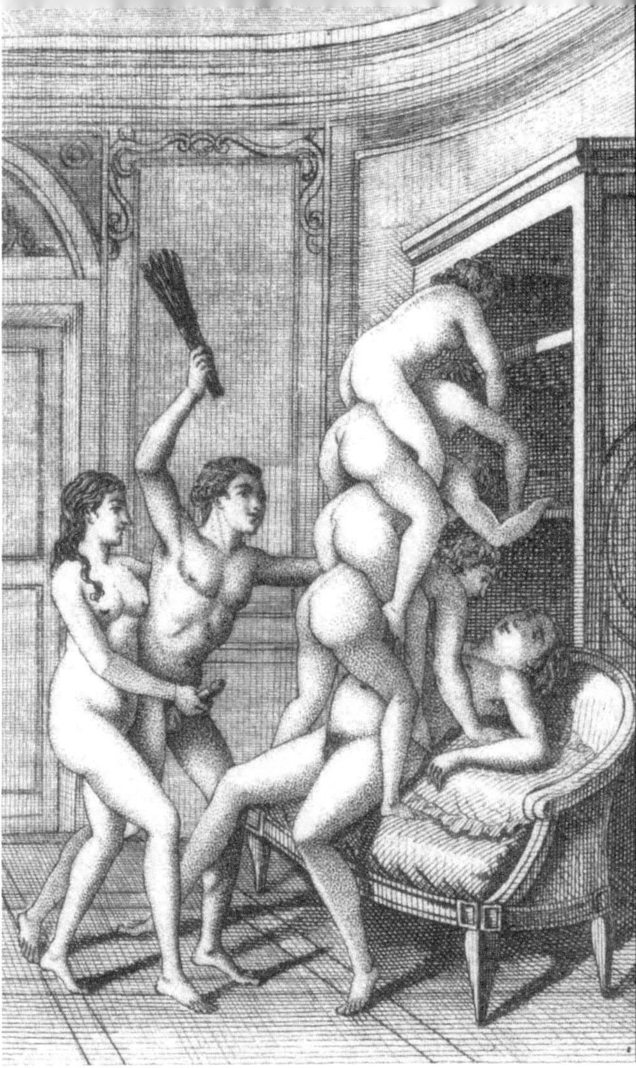

→ Auffallenderweise wirken die Gesichter in den Abbildungen zu de Sades *Justine*, als empfänden sie weder Schmerz, noch Ekstase. Das Konkrete verschwindet im Funktionellen, genaugenommen in einem maschinellen Ablauf, in dem jedem eine bestimmte Funktion zukommt. Abb. aus: *La Nouvelle Justine. Vollständige Folge aller 101 Kupferstiche zu dem Werk des Marquis de Sade* (1797), Dortmund 1982.

De Sade war ein großer Buchhalter, fasziniert von Zahlen und ihren Wirkungen. Er zählte die Zeilen der Briefe, verrechnete offizielle Briefe mit zugesteckten Zettelchen. Dabei konnten offizielle Briefe andere mit Geheimtinte geschriebene beinhalten. Als Kassiber dienten neben Würsten Einlaufrohre, die von ihm benutzt wurden. Er erstellte Listen der gelesenen Bücher, der verschlungenen Esswaren, Listen getrunkener Liköre, Listen seiner Novellen und Theaterstücke, er verfasste Onanie-Protokolle, nicht ohne die Dauer und Anzahl der Einführungen oder jene Personen festzuhalten, an die er dabei dachte.[2]
Die von den Mönchen betriebene Klause lässt sich geradezu als Gefüge von Zahlen lesen. 4 Stockwerke, 8 Kellerabteile, 2 Kerker, 2 Kabinette, 8 Zimmer, 4 davon mit einem Kabinett ausgestattet, 2 Serails mit je 8 Kabinetten, 2 Klassen, 8 Tische, 4 Mönche, 4 bedienstete Brüder, 2 Dechantinnen, 16 weibliche Gefangene, 12 Frauen, deren Aufgabe es ist, 12 mal im Jahr ein Mädchen zwischen 12 und 30 Jahren zuzuführen, 6 Stück von jeder Kleidung, 4 Mahlzeiten, 4 Vorgerichte, eine Platte mit Gebratenem und 4 Zwischengängen, 3 Platten mit Gebratenem, 4 Zwischengänge, 6 Vorgerichte, 8 Zwischengänge, 30, 60, 100, 180, 200, 300 Peitschenhiebe, 9 Tage Kerkerhaft, „und zwar nackt", mit 300 Peitschenhieben täglich. Und dann sind all diese Zahlen in Beziehung zu setzen, die vier Vorgerichte etwa mit den vier Mädchen, die während des Essens in vorgeschriebenen Stellungen zu verharren haben.
Trotz aller Zahlen verdankt sich die Bewirtschaftung der Klause einer völlig abstrusen Ökonomie. Ihr Betrieb finanziert sich aus Erträgen des Klosters wie dem eingebrachten Vermögen der Mönche. Mag noch so viel ausgegeben werden, es gibt keinen Gewinn, kein Produkt, nichts, was als Mehrwert abfiele. Jedes Bestreben

nach Wachstum oder Ausdehnung wird verworfen. Konsequenterweise wird eine Schwangerschaft besonders hart bestraft. Ein Kind störte nicht allein die vorgegebene Zahlenordnung, es wäre sichtbares Produkt, es drohte sich in das Gefüge von absoluter Macht und Unterwerfung zu schieben. Wollen die Mönche eine Frucht haben, dann einzig deshalb, „um auch davon noch Genuß zu haben."

Das aufwendige Bewirtschaften der Klause hat einzig die Zerstörung und Vernichtung all dessen zur Folge, was eingespeist wird. Wirklich zerstören lässt sich nur Einzigartiges, Kostbares. Tand lässt sich nicht zerstören, Tand lässt sich nur entfernen. Die geraubten Mädchen müssen makellos sein, von vornehmer Abkunft, tugendhaft: Ein Raub muss es gewesen sein, er muss bemerkt worden sein, Tränen kosten. Mag die Anlage auch hermetisch von der Außenwelt abgeschirmt sein, so haben wir es doch mit einem System kommunizierender Gefäße zu tun. Das Ejakulat steht mit jenen Tränen in Verbindung, die die Angehörigen über den Verlust ihrer Tochter vergießen. Die Mönche nähren, das müssen sie. Sie müssen die Mädchen geradezu mästen, jede Nahrungsverweigerung hart bestrafen, verdankt sich ihre Verfügungsgewalt doch dem, was sie investierten, hineingestopft haben.

Eingespeist werden entführte Mädchen und Frauen, Nahrungsmittel, Fleisch, Gemüse, Obst Wein, Liköre, Kleidungsstücke. Es wird aufgenommen, aufgefüllt, fermentiert, verarbeitet, entleert. Organe wie das Gehirn, Nase, Mund und Augen, sind in das Innere des Körpers gewandert. Auch die Haut hat sich umgestülpt. Darin liegt der eigentliche Zweck der vielen Peitschenhiebe. Die Haut soll aufbrechen, sich letztlich umkehren. Bauwerk und Körper verschwimmen mehrfach. Der Mund der Mädchen wird zur Kloake, zum Reinigungsapparat: „Hat der Mönch eine Frau gehabt, so muß dies der Mund der folgenden wieder in Ordnung bringen." Und werden die Mädchen gezwungen, stundenlang in ein und derselben Position zu verharren, dann werden sie zu Architektur, wandeln sie sich zu lebendem Inventar: „Beim Abendessen ist ihr Platz entweder hinter dem Stuhl ihres Herrn oder, wie ein Hund, zu seinen Füßen, unter dem Tisch, oder sie kniet zwischen seinen Schenkeln und erregt ihn mit dem Mund; manchmal dient sie ihm als Sitz oder als Leuchter; ein andermal stellen sie sich alle vier rund um den Tisch in den lasterhaftesten, zugleich aber schwierigsten Stellungen auf."

Das Gefüge ist in extremer Weise hierarchisch geordnet. Gleichzeitig sind die Ebenen egalitär organisiert. Die vier Mönche haben dieselben Rechte und Pflichten. Abwechselnd steht einer von ihnen den anderen als Wachhabender gegenüber. Will einer der drei anderen Mönche eines der Mädchen vor dem Frühstück in seinem Bett haben, so hat der Wachhabende des Tages nicht das Recht, sie für sich zurückzuhalten, und dies auch dann nicht, sollte er sie gerade in Anspruch nehmen. Zu Monatsbeginn wählt jeder der Mönche ein „wachhabendes Mädchen" als Dienerin. Keiner von ihnen darf während eines Monats das Mädchen wechseln wie es auch keinem von ihnen gestattet ist, über eines der Mädchen länger als zwei Monate zu verfügen. Egalitär organisiert sind auch die bediensteten Brüder (mögen sie auch unterschiedliche, spezialisierte Aufgaben wahrnehmen), die Dechantinnen, vor allem aber die Mädchen. Sie sind Opfer einer Entführung, gleichermaßen vielfältigsten Launen und Gewalt ausgesetzt. Sie verbindet die Ungewissheit, was mit ihnen geschehen wird. Die Hierarchie bricht sich dort, wo die Mädchen aus ähnlich vornehmen und begüterten Familien wie die Mönche stammen (und im besten Fall gar ein Verwandtschaftsverhältnis besteht). Symmetrisch ist das Verhältnis zwischen den bediensteten Brüder und den Dechantinnen. Mögen sie noch so viel Macht über die Mädchen haben, so wird doch auch für sie die Klause zum Grab. Zum „Wachhabenden" fügen sich die „wachhabenden Mädchen", die den Mönchen zu dienen haben, gezwungen, die ganze Nacht im Zimmer „ihres Patrons" zu stehen, immer bereit, sich all seinen Wünschen, und mögen sie noch so grausam sein, hinzugeben. Leicht könnte das System aus den Fugen geraten. Was, erkrankte der Kerkermeister, was, nähme sich eines der Mädchen das Leben, ohne dass die Zahl wieder voll wäre, was, schlüge ein Entführungsversuch fehl, was, gerieten die Mönche in Streit um eines der Mädchen? Wer frisiert, wer putzt die Böden, wer trägt das Essen auf? De Sade nennt viele Vorgänge nicht, die nötig wären, um einen solchen Betrieb aufrechtzuerhalten. Die vier Mönche wären wohl tagelang allein damit beschäftigt, das nötige Brennmaterial durch den Gang zu tragen. Sades Tableau steht dem Theater näher als jeder realen Ökonomie. Wie vermöchte ein einziger Küchenmeister allein täglich so viele Gerichte zuzubereiten, wie könnte sich jemand über so lange Jahre täglich all den beschriebenen Ausschweifungen hingeben, ohne daran zu ermüden, wer überlebte schon so viele Peitschenhiebe, und wenn, wie lange würde es dauern, um zu genesen. Die scherenschnittartig gezeichneten Figuren empfinden weder Wollust noch Schmerz. In der Mechanik des Theaters treten die Akteure zur schaurigen Unterhaltung von Zuschauern oder Lesern in den ewig selben Rollen auf. Allein die vielen Gänge des Essens sind bereits als Szenenabfolge beschrieben. Das gebratene Geflügel nimmt bereits vorweg, dass die Mädchen kurze Zeit später selbst in ähnlicher Weise in

eine Szene eingefügt werden. Die Mädchen tragen immer dieselbe Kleidung, und zwar in der Farbe, die ihnen am Tag ihres Eintritts zugewiesen wurde (zweifellos dachte de Sade an liturgische Farben). Sie werden täglich für die Abende und Nächte eingekleidet, „bestens frisiert", so als würden sie auf einer Bühne auftreten. Werden bei der morgendlichen Visite durch den Wachhabenden „lasterhafte Szenen" oder „Schauspiele der Wollust" veranstaltet, dann verdoppelt sich das Theater im Theater. De Sades Episode ist theatralisch angelegt, nicht zuletzt deshalb, weil sich die Spannung dem Angedeuteten verdankt, dem, was an anderen Orten geschieht, was hinter dem Sichtfeld oder in der Zukunft liegt. Aus erzähltechnischen Gründen müssen die festgeschriebenen Regeln fraglich, muss die bohrende Ungewissheit der Mädchen ständig genährt werden. Werden die Mönche gefragt, was mit jenen geschehe, die sie entlassen, dann antworten sie einmal auf diese, dann wieder auf jene Weise. Zudem entlassen die Mönche oft jene, die von ihnen am meisten begehrt werden, die am hübschesten, am jüngsten sind oder aufgrund ihrer Schwangerschaft besonderen Schutz verdienten: eine sechzehnjährige Schwangere, eine Siebzehnjährige im achten Monat, eine zwanzigjährige in den ersten Wehen. De Sades Tableau kennt wie das Theater auch Requisitenkammern. Haben die Mönche in der Früh die Klause verlassen, um als Schauspieler der Demut in der Öffentlichkeit aufzutreten, dann bleiben die Mädchen untätig. Erst abends werden sie wieder aus ihrer Requisitenkammer geholt, um das zu spielen, was ihnen im Drehbuch zugedacht ist.
De Sade ließ auf seinem Stammschloss Lacoste einen Theatersaal für 130 Personen bauen. Er inszenierte, trat auch als Schauspieler auf, um etwa in einem von ihm geschriebenen Theaterstück der Schwester seiner Frau

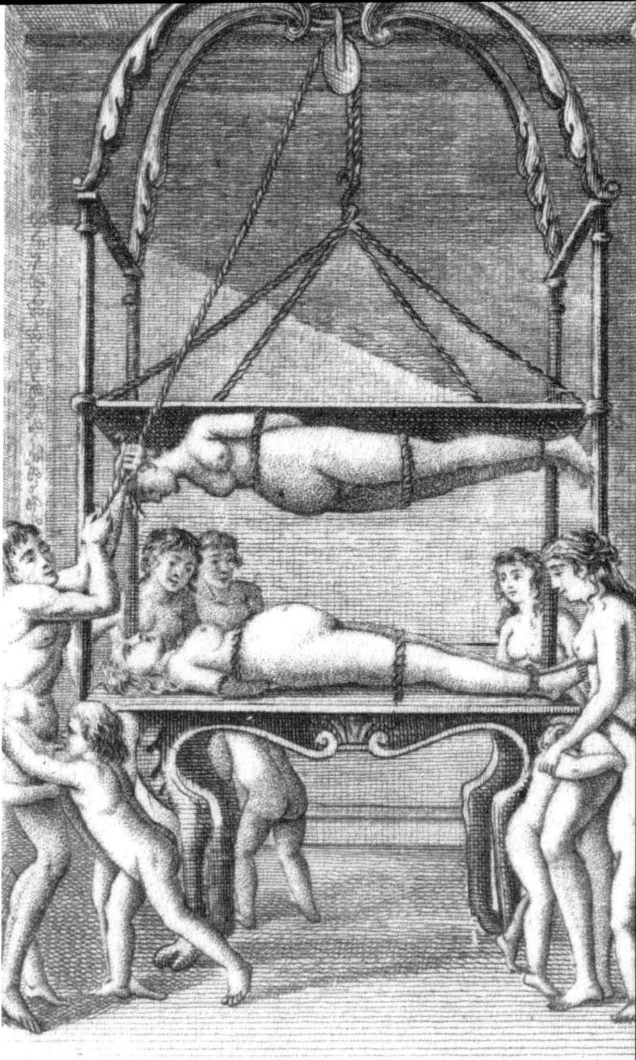

→ Eine Vorrichtung zum Austreiben von Früchten. Die Anordnung ist dem Theater entlehnt. In Diderots Enzyklopädie finden sich 48 Abbildungen zur Maschinerie des Theaters, die Winden, Hebel, Rollen oder Wagen zeigen, um Kulissen, Dekorationen, Berge, Wolken, Vorhänge oder auch Schauspieler im Bühnenraum zu bewegen. Abb. aus: *La Nouvelle Justine. Vollständige Folge aller 101 Kupferstiche zu dem Werk des Marquis de Sade* (1797), Dortmund 1982.

auf der Bühne eine Liebeserklärung vorzutragen oder mit seinem Diener in vertauschten Rollen aufzutreten. Imagination, Darstellung und Wirklichkeit begannen zu verschwimmen. Als menschliche Skelette entdeckt wurden, die er als Requisiten verwendet hatte, hieß es, man habe „Leichen“ gefunden.[3]

Totalitäre Herrschaft in Miniaturformat. De Sades Opfer müssen mit großem Aufwand, mit Hilfe von Drohungen und Gewalt in Position gebracht werden. Sie fügen sich nicht aus eigenem Antrieb in den Ablauf, und tun sie es, dann einzig deshalb, weil Verstöße gegen die Regeln furchtbare Strafen zur Folge haben. Aber die Mönche, die sich der Völlerei und der Wollust hingeben, sind einer ähnlichen Disziplin unterworfen wie die Mädchen, die von ihnen gequält, missbraucht und ermordet werden. De Sades Sprache zeugt von einem großen soziologischen Gespür. Psychologie war ihm jedoch fremd.

---

1 Vgl. Marquis de Sade, *Werke*, Basel 1965, S. 86–99.

2 Siehe Tobia Bezzola, Michael Pfister, Stefan Zweifel (Hg.), *Sade/Surreal. Der Marquis de Sade und die erotische Fantasie des Surrealismus in Text und Bild*, Ostfildern-Ruit 2001, S. 20.

3 Siehe ebd., S. 140–141.

KÜHE KLEINER BAUERN, KÜHE VON AGRARINGENIEUREN

Die Kühe meiner Kindheit, Kühe eines kleinen Bauern, hatten alle ihren ausgeprägten Charakter. Ich erinnere mich kaum eines Namens oder Gesichtes einer meiner ehemaligen Mitschüler. Dabei habe ich mit ihnen jahrelang Klassenzimmer, Speisesaal, Schlaf- und Waschräume geteilt. Um so erstaunlicher ist es, dass ich mich noch sehr deutlich an manche Kuh meiner Kindheit erinnere, an ihren Namen, ihre Eigenarten, den Platz im Stall, den sie behauptete oder zu behaupten suchte. Manche Hörner liefen spitz zu, waren von glänzender Oberfläche, während die Hörner anderer Kühe stumpf und schuppig waren. Dass ich mich an einzelne Tiere erinnern kann, hat auch damit zu tun, dass es immer nur wenige Kühe gab. Entscheidender ist aber, dass diese – verglichen mit heutigen Kühen – ein erstaunlich hohes Alter erreichten und ihre Anlagen auszubilden vermochten.

Es sind ganz andere Kühe, die in unserem voll automatisierten Kuhstall zu sehen sind. Sie wirken apathisch, so als seien sie sediert, als stünden sie unter Psychopharmaka, ihres Eigensinns beraubt. Kaum ein Muh ist zu hören. Trotz der großen Anzahl von Tieren liegt über allem eine nahezu gespenstische Ruhe. Kommen sich zwei Kühe zu nahe, dann weicht eine von beiden aus, was in den engen Gängen nicht immer leicht ist. Sie zeigen keine Neugier. Ihr Blick hat etwas Leeres. Versucht man mit einer dieser Kühe in Kontakt zu treten, dann scheut sie zurück. Überhaupt erwecken die Kühe einen erschreckenden Eindruck. Sie lassen an Missgeburten denken. Es sind groteske Züchtungen, die letztlich nur noch zwei Organe betonen: das Euter und einen riesigen Verdauungsapparat. Sie wirken unproportioniert.

Sie sind es allein dadurch, dass sie wesentlich mehr Milch geben als ein Kalb je zu trinken vermag. Genaugenommen kommt allen anderen Organen eine untergeordnete Funktion zu. Die Beine müssen die Last gerade noch tragen. Es gibt eine Reihe von Organen, die diese Kühe nicht mehr benötigen, und die womöglich in neuen Züchtungslinien eliminiert werden. Wozu brauchen solche Kühe noch Augen, wozu Ohren? Kaum auf die Welt gekommen, werden die Hornanlagen mit einer ätzenden Paste verödet, was bei den Kälbern an nässenden Krusten unschwer zu erkennen ist.[1]
Wild lebende Rinder bewegen sich in kleineren Herden, denen Tiere beiderlei Geschlechts angehören. Innerhalb der Herde besteht eine strikte Rangordnung, die meist durch unblutige Kämpfe festgelegt wird. Kühe werden in der Regel durch den ranghöchsten Stier gedeckt. Zum Kalben suchen Kühe einen geschützten Ort. Kuh und Kalb kehren zur Herde zurück, zwischen ihnen besteht eine enge Bindung. Das Kalb kann nur bei der eigenen Mutter saugen. Die Tiere erkennen einander am Geruch. Kälber können bereits kurz nach der Geburt stehen, nach einem Tag sind sie in der Lage, den erwachsenen Tieren zu folgen. Gleichaltrige Kälber bilden innerhalb der Herde eine „Spielgruppe" und kehren nur noch zur Nahrungsaufnahme zur Mutter zurück.
In Laufställen können sich die Kühe frei bewegen, allerdings auf Spaltenböden, auf Rosten, durch die sie ihren wässrigen Kot treten. Statt durch Wasserpfützen laufen sie durch Desinfektionswannen. Zur Ruhe legen sie sich auf Gummimatten, eingezwängt zwischen Eisenbügeln: „An die Stelle eines verzierten Halsbands aus Leder tritt ein Nylonband mit Zahlencode, anstelle einer Glocke, die den Aufenthaltsort der Kuh signalisiert, ein Transponder, der über einen Computer die

Überwachung der Nahrungsaufnahme erlaubt."[2] Das Futter heutiger Kühe kannte das Rind in seiner ganzen Entwicklungsgeschichte nicht. Kühe erfahren ihr ganzes Leben keinen Stier. Sie werden nicht besprungen, sondern von Menschenhand besamt. Kälber werden bereits kurz nach der Geburt von den Muttertieren getrennt. Statt in einer wie immer gearteten Natur befinden sich all diese Tiere in einer technisch organisierten Umgebung. Statt sich das Fell in Buschwerk zu reiben, frequentieren sie einen Bürstautomaten. Mögen sich auch viele Tiere in solchen Ställen bewegen, eine Herde bilden sie nicht. Heute können sich Kühe zwar „frei" bewegen, aber dafür wurden sie endgültig dem Funktionskreis der Maschinen überantwortet. Kühe werden heute einzig in ökonomischen Kategorien wie „Nutzungsdauer", „Produktionseinheit" etc. gedacht.

Für Brehm stand das Rind „unzweifelhaft auf niederer Stufe", er hielt es neben dem Schaf für das dümmste Haustier. Es entwickle „eine gewisse Theilnahme" gegenüber jenen, die sich mit ihm beschäftigten, aber dies habe mehr mit Gewohnheit als mit Verstand zu tun. Das Geistige trete bei Rindern, die mehr im Freien als im Stall lebten, deutlicher zutage: „Die Alpenkühe lernen ihren Fütterer schneller kennen, sind munter, freuen sich lebendiger, werden frischer vom Schellenklang, erschrecken weniger, kämpfen mit einander ritterlicher im Ernst und Scherz. Ihr Ehrgefühl ist aber schwach. Hat die eine die andere zurückgedrängt, so macht dies der überwundenen gar nichts: sie schämt und ärgert sich nicht, sondern trollt sich auf die Seite, senkt den Kopf und frißt wieder. Die Siegerin zeigt nicht den mindesten Stolz, nicht die Spur von Freude; auch sie fängt sogleich wieder zu grasen an. Die Heerkuh fühlt sich freilich größer als jede andere. Man erkennt dies aus ihrem feierlichen Schritt; auch gestattet sie nicht, daß irgend eine andere Kuh ihr vorausgehe. Der Stier ist viel vorzüglicher als die geistigste Kuh, hat weit mehr Körperkräfte, schärfere Sinne, mehr Kraftgefühl, Muth, Gewandtheit, Raschheit, schaut viel frischer in die Welt und sieht mit Verstand um sich, fühlt sich als gewaltiger Beschützer seiner Herde, geht auf den Feind los und kämpft wacker mit ihm. Einen fremden Bullen duldet er nicht bei der Herde, sondern streitet mit ihm auf Leben und Tod."[3] Auch der Naturforscher Friedrich von Tschudi, auf den sich Brehm bezog, hielt Almkühe für „klüger und munterer", auf den Almen bilde sich der „natürliche Instinkt" besser aus: „Das Tier, das fast ganz für sich sorgen muß, ist aufmerksamer, sorgfältiger, hat mehr Gedächtnis als das stets verpflegte. Die Alpkuh weiß jede Staude, jede Pfütze, kennt genau die besseren Grasplätze, weiß die Zeit des Melkens, kennt von fern die Lockstimme des Hüters und naht ihm zutraulich; sie weiß, wann sie Salz bekommt, wann sie zur Hütte und zur Tränke muß. Sie spürt das Nahen des Unwetters, unterscheidet genau die Pflanzen, die ihr nicht zusagen, bewacht und beschützt ihr Junges und meidet achtsam gefährliche Stellen."[4]

Das Rind wurde von Verhaltensbiologen und Veterinärmedizinern gründlichst untersucht. So weiß man heute etwa genauestens über die durchschnittliche Dauer seiner Fress- und Wiederkäuzeiten Bescheid. Aber all die so erhobenen Fakten sagen wenig über das Rind oder die Kuh. Solche Erhebungen verdanken sich durchwegs ökonomischen Interessen: „Die Natur des Tiers wird registriert, insofern sie stört, oder der Steuerung nutzbar zu machen ist. Ganze Kapitel der Lehrbücher füllen Verfahrenstechniken. Über die Wartung und Reinigung der Melkanlage erfahren wir mehr als über die Lebensregungen der Kuh. [...] Beeindruckend bei den Forschungsprojekten ist die Selbstverständ-

→ Eine Kuh mit Lebenserfahrung, fähig, auch in extremen Höhenlagen einen Sommer zu überleben. Foto: Bernhard Kathan, 2007.

lichkeit, mit dem natürliche Prozesse durch technisch-wissenschaftliche ersetzt werden sollen. Das Natürliche wird mit großem Aufwand durch das Künstliche ersetzt. Jedes Mal feiert die Wissenschaft dabei ihre Triumphe, demonstriert ihre Notwendigkeit. Denn es ist tatsächlich höchst kompliziert, z.B. Muttermilch durch ein Futter zu ersetzen, das aus Komponenten zusammengesetzt wird, die möglichst billig und dauernd wechselnd auf dem Weltmarkt zusammengekauft werden."[5]

In einer jüngst durchgeführten verhaltensbiologischen Studie wurden Rinder drei Reizen ausgesetzt: lautem Schreien und Schelten, zärtlichem Streicheln, Futterangeboten. Wer immer sich mit Rindern beschäftigt hat, den kann das Ergebnis nicht überraschen. Kühe weichen vor lautem Schreien zurück, Futter ziehen sie Streichelangeboten vor. Eine dümmere Versuchsanordnung wird man suchen müssen. Sie ist aber insofern aussagekräftig, als sie mehr über die Experimentatoren als über Rinder sagt. Nicht das Leben der Rinder, das Leben des Menschen in den modernen Gesellschaften ist nach Destinationen organisiert. Wir sind es, die von früh bis spät zwischen Konsumangeboten zu entscheiden haben. Ist das Leben der Rinder ähnlich organisiert, dann wurde ihnen dies vom Menschen aufgezwungen.

Agraringenieure interessieren sich in der Regel nicht für die vielfältigen Lebensäußerungen und Bedürfnisse der Tiere. Ihre Forschung dient ökonomischen Interessen, etwa der Frage nach der idealen Bestandsdichte in Laufställen. Ist diese zu gering, dann schlägt sich das in den Kosten der Anlage zu Buche. Ist sie zu hoch, sind ständige Rangkämpfe die Folge, befinden sich die Tiere in einem andauernden Stresszustand, was eine geringere Milchleistung wie einen erhöhten Futterverbrauch zur Folge hat. Die Bestandsdichte lässt sich erhöhen, werden die Kühe enthornt. Grundsätzlich gilt es als kostengünstiger, lassen sich die Kotflächen beschränken. Dies gelingt mit Hilfe von Liegeboxen, endlos langen Reihen verzinkter Stahlrohrelemente, die jedes Umdrehen einer Kuh unmöglich machen. Dadurch ist eine Verschmutzung dieser Bereiche ausgeschlossen. Diese Boxen erlauben das Abliegen und sichere Aufstehen einer Kuh, sind aber so eng bemessen, dass sich nie zwei Kühe hinein drängen können. Damit die Boxen von den Kühen benutzt werden, bedarf es eines entsprechenden „Liegekomforts“, etwa einer Gummimatte. Die Liegeflächen müssen trocken, wärmegedämmt und weich sein. Diese Flächen werden von den Kühen angenommen, legt sich doch keine Kuh in einen feuchten Mistgraben, der nicht einmal Einstreu kennt. Bei den Kühen, die in den Liegeboxen liegen, ragt das Hinterteil über das Flächenende hinaus, eines oder beide Hinterbeine kommen im Kotgraben zu liegen. Bewegen können sich die Kühe einzig auf den Kotflächen, aber die sind so eng, dass von wirklicher Bewegung nicht gesprochen werden kann. In der Längsachse verlaufen weit in die Halle hinein mehrere erhöhte, befahrbare Podeste, die als Futtertische dienen. Während des Fressens stehen die Kühe buchstäblich im Mistgraben. Verendet eine Kuh, sei es, dass sie in einem der Fanggitter erstickt oder ausrutscht, ein Bein oder das Becken bricht, dann wird sie mit Hilfe eines fahrbaren Krans entsorgt.

Dabei wird stets behauptet, die Tiere würden tiergerecht gehalten, wobei darunter eine Haltung zu verstehen sei, „die dem Tier eine Umgebung bietet, in der es sich normal entwickeln und verhalten kann, keinen Schaden nimmt, die Körperfunktionen nicht gestört werden und die Anpassungsfähigkeit nicht überfordert wird.“[6] Unternehmerinteressen treffen sich dort mit dem Tierschutz, wo es gilt, Krankheiten zu verhüten und die Leistungsbereitschaft der Herde zu erhalten. Um die Bedeutung ausreichender Bewegungsmöglichkeit, von Tierschützern immer wieder gefordert, wissen auch nüchtern denkende Agraringenieure, wirkt sich diese doch positiv auf den Bewegungsapparat, Klauenabrieb, Brunst und Fruchtbarkeit aus. Dies gilt auch etwa für Beschäftigungsmöglichkeiten, das Stallklima oder das Platzangebot. Diesbezügliche Investitionen geschehen nicht aus Tierschutzgründen, mag auch immer wieder damit argumentiert werden. Sie verdanken sich ökonomischen Überlegungen. Als Beispiel seien die Liegeboxen in heutigen Laufställen erwähnt. Sie kennen, was ihre Breite und Länge betrifft, längst errechnete Standardmaße. Diese Maße weichen nach dem Boxentyp etwas voneinander ab. Inzwischen haben Untersuchungen gezeigt, dass die Milchleistung auch von der Liegedauer abhängig ist: „Da liegende Kühe intensiver Wiederkauen und dadurch mehr Speichel produzieren, stabilisiert sich der pH-Wert im Pansen. So ist insbesondere bei Hochleistungskühen mit hoher Kraftfutteraufnahme ein besseres Verwerten der Gesamtration zu erwarten. Verkürzt sich die Liegedauer, wirkt sich dies auch negativ auf die mikrobiellen Umsetzungen im Pansen aus. Eine möglichst lange Liegezeit trägt auch zur Entlastung des Bandapparates, der Gelenke sowie der Klauen bei. Verminderte Liegedauer schränkt den Bewegungsapparat ein, was letztlich zu Schmerzen oder Lahmheiten führen kann. Lahme Kühe laufen nicht gerne zum Futtertisch, nehmen weniger Futter auf und geben dadurch weniger Milch. Auf alle Fälle werden die Euter liegender Kühe besser durchblutet, woraus eine höhere Milchsynthese und entsprechend höhere Milchleistungen resultieren.“[7] Im

→ Blick in einen modernen Rinderstall: „Die Kühe einer Herde werden für die Milchgewinnung gehalten. Sie leben in einem Stall, in dem sie ausreichend Bewegungsfreiheit haben. Für jedes Tier gibt es einen Freß- und Liegeplatz, den es individuell aus- und aufsuchen kann. Den ganzen Tag über stehen Gras- und Maissilage zur Verfügung." Informationsbroschüre der Fördergemeinschaft Nachhaltige Landwirtschaft e.V., Bonn.

Gegensatz zu Tiefboxen mit weichem Einstreumaterial sind Hochboxen mit „Komfortmatratzen" zwar mit einem geringeren „Pflegeaufwand" verbunden, allerdings ist hier die Rutsch- und somit Verletzungsgefahr höher. Sind die Kosten des Pflegeaufwandes höher als die Einnahmen der dadurch bedingten Leistungssteigerung, dann ist dieser Aufwand ökonomisch sinnlos. Ob Platzbedarf, Errichtungskosten, Arbeitsaufwand, Futter oder haltungsbedingte Ausfälle, angestrebt wird größtmögliche Leistung bei geringstmöglichen Investitionen, also ein optimales Minimum. All dies begegnet uns heute in vielen anderen Bereichen. Wo immer von artgerechter Tierhaltung, Standards und Qualitätssicherung die Rede ist, haben wir es nicht mit der bestmöglichen, sondern im vorgegebenen Rahmen mit der schlechtestmöglichen Versorgung zu tun. „Kosten senken – Erlös erhöhen – Qualität steigern" – das setzt eine Orientierung am optimalen Minimum voraus.

Die kleinen Bauern, die um den Wert einer Kuh (und dies nicht nur in ökonomischer Hinsicht) wussten, verfügten auf das Rind bezogen über ein völlig anderes Wissen. Das in Jahrhunderten von Bauern im Umgang mit Kühen entwickelte Erfahrungswissen lässt sich allerdings nicht auf die heutige Rinderhaltung übertragen. Während wir es hier mit distanzierter, oft genug automatisierter Beobachtung zu tun haben, erlebten sich die kleinen Bauern mit ihren Kühen in einem komplexen Gefüge. Ich erinnere mich an einen von ihnen, der oft Kühe kaufte, die nicht aufnehmen wollten. Zumeist zahlte er wohl nur den Preis, den ein Metzger geboten hätte. In der Regel wurden diese Kühe trächtig. Sein Erfahrungswissen war anders organisiert als das heutiger Agrarexperten.

1 Milchkühe sollen an heißen Sommertagen in schlecht klimatisierten Ställen weniger Milch geben. Forscher haben herausgefunden, dass rasierte Mäuse bis zu 15 Prozent mehr Milch geben. Rasierte Mäuse können die bei Verdauung und Milchproduktion entstehende Wärme leichter abgeben. Die Forscher sehen einen Zusammenhang zwischen abführbarer Körperwärme und aufnehmbarer Energiemenge. Warum also nicht Kühe rasieren oder ihnen gleich das Haarkleid wegzüchten? Vgl. *Der Standard*, 16.11.2007.

2 Kathrin Oester, a.a.O., S. 50.

3 *Brehms Thierleben*, 3. Bd., Leipzig 1877, S. 447.

4 Friedrich von Tschudi, zit. nach Th. Zell, *Das Rind als Waldtier. Was kann der Landwirt für die Rindviehhaltung aus der Lebensweise der Wildrinder lernen?*, Stuttgart 1924, S. 77.

5 Götz Schmidt, „Über das Verschwinden und die Rückkehr der Haustiere"; in: *Ästhetik & Kommunikation*, Heft 33, 2006, S. 28.

6 J. Troxler, „Tiergerechte Haltung von Schweinen, Rindern und anderen landwirtschaftlichen Tieren"; in: *Tierlaboratorium* 17/1994, S. 163.

7 Jakob Groenewold, „Milchkühe bevorzugen gut gepflegte Tiefboxen"; in: *Der fortschrittliche Landwirt*, 13/2007, S 11.

NANA, DAS MÄNNERFRESSENDE WEIBCHEN

Wie in der von de Sade beschriebenen Klause ist auch ein comutergesteuerter Kuhstall im Idealfall als endloser mechanischer Ablauf organisiert. Nie soll der Stall leer stehen. Jede Kuh, die der „Herde" hinzugefügt wird, setzt eine voraus, die zuvor aussortiert wurde. Im Idealfall ist die Zahl immer dieselbe. Wie die Mädchen bei de Sade, so sind die Kühe austauschbar. Wie dort steht auch hier die Zeit still, mag längst jede Kuh geschlachtet sein, die vor wenigen Jahren noch in diesem Stall stand. Bestenfalls bringen Verschleißspuren die Zeit zum Ausdruck, abgetretene Matten oder die von den Automaten abgeblätterte Farbe. Aber all dies vermag ebensowenig auf ein bestimmtes Tier zu verweisen wie die Schriftzüge, die eines der Mädchen in die Mauer gekratzt hat, noch auf dieses zu verweisen vermöchte. An so einem Ort kann es keine Erzählung geben, es sei denn, es geschähe ein Verbrechen. Aber selbst dann diente er nur als Kulisse, nicht anders als in Filmen Schlachthöfe mit vorbeiziehenden Tierkadavern.

Das von Marquis de Sade in seiner Episode *Sainte-Marie des Bois* entworfene Herrschaftsmodell wurde von Émile Zola in dessen Roman *Nana* (1890) fortgeschrieben. Auch hier geht es um Wollust, Besitz, Verschwendung und Herrschaft. Auch hier wird bewirtschaftet, allerdings in einer radikalen Umkehrung. Es gibt keine Verließe, in denen Frauen gefangengehalten werden. Die Türen stehen geradezu offen. Oft genug findet der Liebhaber im Bett der Geliebten einen anderen und sieht sich so in der Rolle des Gehörnten. Die Dienerschaft ist alles andere als taubstumm. Gerade das Intime wird zum Gegenstand endlosen Klatsches. Die Durchlässigkeit der Mauern ist so groß, dass man während der ganzen Lektüre den Verdacht nicht los wird, als habe man es nicht mit Mauern, sondern mit Kulissen zu tun, hinter denen eine eifrige Helferschar damit beschäftigt ist, die Kulissen bei jedem Szenenwechsel durch andere zu ersetzen. Und so hat man denn auch den Eindruck, sich in einem Theater, sich also ständig am selben Ort zu befinden, mag die Geschichte am Lande, in einem Pariser Palais oder in einem Varieté spielen, auf der Bühne oder in einem der schmutzigen Künstlerzimmer. Franz Blei notierte in seinem *Großen Bestiarium der Literatur* (1924) pointiert: „Zola besaß ein weitläufiges Fabrikgebäude zur Herstellung sozialer Schematismen. Seine Situationsmaschinen stanzten den Menschen glatt und sauber heraus. Andere Maschinen, welche die Wahrheit in der Kausalitätsreihe platt walzten, nahmen die ausgestanzten Menschen auf und setzten sie zu Ensembles zusammen, die auf einer Versuchsbühne abgerichtet wurden, so natürlich wie die Natur zu spielen. Ein kleiner Mond aus Silberpapier macht die nötige Sentimentalität."[1]

Émile Zola gilt als begnadeter Erzähler. Aber erzählt Zola wirklich die Geschichte der Nana? Tatsächlich bewegt sich Nana wie die Männer, die sich selbst an ihr zugrunde richten, in einer vorgegebenen Mechanik, aus der es kein Entrinnen gibt. Kind eines Säufers und der Armut zu sein, all das ist unauslöschlich in Nanas Körper eingegraben. Mit diesen Festschreibungen ist sie geradezu aufgezogen worden. Der Inhalt des Romans lässt sich in zwei Sätzen zusammenfassen: Nana, eine Vorstadtdirne, gerät in die beste Pariser Gesellschaft. Nachdem sie zahllose Männer in den Ruin getrieben hat, stirbt sie an den Blattern. Alles was zwischen Nanas erstem Auftritt als nackte Venus in einem Varieté und ihrem Tod liegt, ist eine einzige Abfolge mechanischer Ereignisse, die sich gewisser Determinationen verdanken.

De Sades Architekturskizzen, so flüchtig sie auch sein mögen, kann man sich als wirkliches Gefüge von Räumen denken. Auf Zolas *Nana* trifft dies nicht zu. Es finden sich nur zwei architektonische Gebilde, einmal Nanas Körper, dann Nanas Bett. Nanas Macht über die Männer verdankt sich ihrer Fleischespracht, ihren „rundlich-fülligen Schultern", ihren „amazonenhaften Brüsten, deren rosige Knospen starr wie Lanzen" emporstehen, es sind die „harten Brüste einer Kriegerin", sie verdankt ihre Macht ihren „breiten und gespannten Hüften, die sich wollüstig ausladend" wiegen, ihren „vollen Schenkeln", deren „Rundungen" sich verjüngen, dem kleinen braunen Muttermal „oberhalb der rechten Hüfte", den Haarbüscheln in ihren Achselhöhlen, die „goldblond aufleuchten", hebt sie ihre Arme, ihrer gelbblonden „Löwenmähne", die über ihre Schultern fällt, öffnet sie nur den Haarknoten, ihrer „seidigen Haut", dem „schwellenden hellblonden Fleisch", ihren „üppigen Rundungen" mit dem „seidigmatten Glanze". Ihr Körper ist wie von Samt mit „feinen Härchen", von einem „rötlichblonden Flaum" überzogen. Gesäß und Schenkel sind „straff und ausladend wie bei einer Stute", durchzogen von „fleischigen Auswülstungen" und „tief eingeschnittenen Grübchen", die „in einem sinnbetörenden Schleier das Geschlecht verschatten." Und diesen nackten Körper bringt Nana zur Geltung, wiegt sie ihn mit gespreizten Knien „in einem eigenartig wollüstigen Spiel bald nach links und dann wieder nach rechts", lässt sie ihren Oberkörper „in den Hüften rollen" und erzittern.
Zola zeichnet Nana als verschlingendes, „männerfressendes Weibchen", dem Tier näher als dem Menschen. Nana ist das „goldene Tier", das „Untier der Heiligen Schrift, das unzüchtige, geile Tier mit dem Wildtiergeruch." Der Spieler und Pferdezüchter Vandeuvres,

einer ihrer reichen Liebhaber, gibt seiner besten Stute, unter den Rennpferden gilt sie als „Outsider", den Namen Nana. In der Stute findet Nana ihre Verdoppelung als Tier und Luxusgeschöpf. Nana selbst vermag nicht zu unterscheiden, ob der Beifall ihr oder dem Tier gilt. Tatsächlich fallen Nana und die Fuchsstute, deren Fell in der strahlenden Sonne blond schimmert wie „ein rothaariges Mädchen", in eins, mögen sie sich gegenseitig auch nur bezeichnen. Auch die Brust der Stute ist „mächtig", auch ihr Kopf und Hals leicht und zierlich, auch bei ihr besticht die „nervöse Schlankheit ihres langen Rückens." So ruft denn Nana hingerissen beim Anblick der Stute: „Sieh nur, sie hat das gleiche Haar wie ich." Die Frage, wer denn nun das Tier reite, kann gleichermaßen der Stute wie ihr selbst gelten.
Zu Nanas Körper fügt sich das Bett. Es steht in einem mit teerosenfarbenem Samt ausgekleideten Zimmer. Silberne Noppen mit blitzenden Sternchen zieren die in einem zarten Fleischton gehaltene Wandbespannung. Ein mit kleinen silbernen Flöckchen geschmückter Baldachin, verziert mit Schnüren und goldenen Spitzen, spannt sich zeltförmig bis zur Decke. Goldene Kordeln fallen nieder wie aufgelöstes rotgoldenes Frauenhaar. Das Bett ist aus getriebenem Gold und Silber gefertigt, geschmückt mit goldenen Rosen auf silbernem Gitterwerk. Am Kopfende beugen sich lachend ein paar Putten zwischen den Blumen hervor, am Fußende eine Darstellung der Nacht, die von einem Faun in ihrer Nacktheit gezeigt wird. Nana steht denn auch für die Figur, die ihre Züge trägt, Modell. Zola vergleicht Nanas Bett mit einem Thron und einem Altar. Dabei ist es vor allem eine Auslage, eine Auslage, die Nanas rotgetönte Haut zur Wirkung bringen soll, eine Auslage, die die Pracht ihres nackten Körpers zur Geltung bringt.
Das Bett als Auslage – Zola schrieb auch den ersten

Kaufhausroman – hätte ein schönes Gedankenspiel abgeben können. Doch dann entpuppt sich der Autor, der für sich das nüchterne Auge des großen Physiologen Claude Bernard beanspruchte, als biederer und moralisierender Kleinbürger. Die in seinem Stanzautomat entstandene Nana ist nicht allein schamlos, vor allem weiß sie nicht mit Geld umzugehen. Sie kann damit weder haushalten, noch planen. Zola beklagt, übriggebliebenes Essen wandere in Abfalleimer, vieles ginge verloren, das Gas brenne bei offenen Hähnen, Eingemachtes verderbe in angebrochenen Gläsern, was immer Nana sehe, danach gelüste es sie, Blumen welkten, niedliche Figürchen verschmutzten oder zerbrächen, trotz aller Geldflüsse habe sie oft nicht einmal genug Geld, um den Bäcker zu bezahlen, sie bemerke es nicht, werde sie von ihren Dienstboten bestohlen, wisse nicht mit diesen umzugehen, leide an Verschwendungssucht und könne dabei nicht einmal zwischen Kostbarem und Nippes unterscheiden. Dumm wie ein genäschiges Papageienweibchen knabbere sie Radieschen und Pralinen durcheinander. Die Liste ließe sich lange fortsetzen. All das findet sich in Haushaltsratgebern der Zeit, die sich an junge Frauen richteten.
Am schwersten wiegt, dass Nana jene Männer zugrunde richtet, denen sie ihren Wohlstand verdankt. So zerstört sie mutwillig ihre ökonomische Basis. Nanas Liebhaber verarmen, magern ab, landen im Gefängnis, nehmen sich das Leben, fallen einem religiösen Wahn oder geistiger Umnachtung zum Opfer. Ausgesaugt bis auf das Mark, bleiben nur noch leere Hüllen. Vandeuvres schließt sich in seinem Stall mitsamt seinen Pferden ein, unter ihnen auch die Fuchsstute Nana, übergießt Stroh mit Petroleum und lässt alles in Flammen aufgehen. Nanas Gegenfigur findet sich in ihrer Zofe Zoé. Zwar hintergeht und bestiehlt auch sie ihre Herrin,

aber sie weiß sich zu zügeln, in den peinlichsten Situationen Haltung zu bewahren, vor allem weiß sie mit Geld umzugehen. Sie kann verzichten und planen. Schließlich übernimmt sie ein Bordell und wird so selbst zur Herrin.
Unter Nanas Bett befindet sich ein „abgrundtiefer Schlund", ein Mahlstrom, der alle mit sich fortreißt, die Nanas Bett und ihren Körper besteigen, ein Mahlstrom, der riesige Vermögen verschlingt, ganze Ländereien, Wiesen, Wälder, Pachthöfe, Schlösser, dichte „Laubwälder, deren Kronen im Sonnenschein wogen", „hohe reife Getreidefelder", „goldgelbe Weinberge", „saftige Grasmatten, auf denen die Kühe bis zum Bauch versinken", einen Wasserlauf, einen Kalksteinbruch, drei Mühlen, selbst einen Zeitungsverlag. Die Liebhaber verschwinden in diesem unersättlichen Abgrund mit allem, was sie haben und sind, „mit Haut und Haar, ja sogar mit ihrem Namen." Und je mehr dieses Loch, also Nana – ihr Geschlecht – verschlingt, umso größer und tiefer, umso unersättlicher wird es, gleich einem „Heuschreckenschwarm, dessen Flug, einem verheerenden Brande ähnlich, eine ganze Provinz dem Erdboden gleichmacht." Was immer sie berührt, und sei es Gold, nur ein Hauch ihrer Lippen genügt und alles verwandelt sich in staubfeine Asche. Nanas unersättlicher Schlund lässt Zola an von Kohlenstaub geschwärzte Arbeiter denken, die tief unter Tag „schweißüberströmt ihre Muskeln bis zum Zerreißen straffen und ihre Knochen knacken hören." Über den Umweg „unrechtmäßiger Börsengewinne" verschwindet auch die Arbeit dieser in Nanas Körper.
Am Ende des Romans zeigt Nana zur erbauenden Entlastung des Autors wie des Lesers ihr wahres Gesicht. Das Innere hat sich nach außen gestülpt und macht deutlich, dass sie immer schon den Keim der Verwe-

sung und Fäulnis in sich trug. Ließ sie nicht die Knochen anderer anfaulen? Mochte sie noch so schön scheinen, schon damals war sie „eine Schaufel voll verwesenden Fleisches." Nanas Bett hat sich zum Totenbett gewandelt, zur hässlichsten aller Auslagen: „Die Blattern hatten das ganze Gesicht ergriffen, eine Pustel saß neben der andern. Sie waren eingeschrumpft und zusammengefallen, boten einen grauen, erdigen Anblick und wirkten jetzt schon wie Moder und Verwesung auf diesem unförmigen Brei, in dem man keine Züge mehr erkennen konnte. Ein Auge, das linke, war gänzlich in das eitrige Fleisch eingesunken; das andere stand halb offen und versank wie ein schwarzes modriges Loch in der Höhle. Die Nase eiterte immer noch. Eine ganze rötliche Kruste zog sich von einer Wange quer hinüber zum Mund und verzerrte ihn zu einem grauenvollen Grinsen. Und über diese scheußliche, groteske Maske des Nichts floß in einem goldenen Gerassel ihr schönes Haar, das immer noch seinen Sonnenglanz bewahrt hatte."[2] Das durch die Blattern entstellte und unkenntlich gewordene Gesicht ist einzig Ausdruck ihres Charakters. Nana ist gleichermaßen Zeichenproduzentin (sie lebt davon) wie Opfer der von ihr produzierten Zeichen.

Nana hat, anders als von Zola behauptet, wenig mit der Wirklichkeit zu tun, weder mit jener der Prostitution, noch mit dem Leben der Reichen. *Nana* gibt vor allem Auskunft über die Ängste und Obsessionen ihres Schöpfers. Bedeutsam ist der Roman vor allem dort, wo sein Autor, ohne es zu wissen, ein völlig neues Modell von Herrschaft beschreibt, eine Welt, in der jeder, der Erfolg haben will – wie die Kaufleute der frühen Neuzeit – zum Zeichenleser und Darsteller werden muss. In einigen Sequenzen des Romans wechselt Zola denn auch wiederholt unmittelbar die Perspektiven, lässt er das Gespräch jene fortsetzen, die gerade Gegenstand der Beobachtung waren. Jeder der Akteure scheint in herrschenden Konventionen aufgehoben, die gesellschaftliche Stellung jedes einzelnen sicher. Und dennoch sind alle einzig damit beschäftigt hinter den Darstellungen das Verschwiegene, Schwächen, Leidenschaften zu sehen. Und alle Beteiligten sind ständig angehalten, in Bewegung zu sein.

---

1 Zitiert nach Marc Bernard, *Zola*, Hamburg 1959, S. 157.
2 Émile Zola, *Nana*, München, o.J. (1879/80), S. 478.

BANALE ARCHITEKTUR

Zola führt uns Nana in einer sich ständig wandelnden Kulissenwelt vor. Wir erleben sie in luxuriös eingerichteten Villen, dann wieder in schmutzigen Wohnungen und Etablissements. Architektur ist dabei stets illustrative Rahmung, nie wird sie in ihrer verhaltenssteuernden Funktion gedacht. De Sade war sich dessen eher bewusst, mag auch die von ihm phantasierte Architektur mit all ihren Apparaten mehr der unmittelbaren Zurichtung als der Verhaltenssteuerung dienen. Im Gegensatz zu seinen verriegelten Kammern setzt die moderne Architektur vor allem auf radikale Beschleunigung wie die Rationalisierung der Fortbewegung, auf die Organisation von Bewegungsabläufen. Durchwegs haben wir es mit einer mobilisierenden Architektur zu tun. Sie schafft Transiträume, mehr noch, sie fungiert gleichermaßen als Verkehrsmittel wie als Reiseführer. Reiseführer sind immer für zahllose Menschen gemacht, aber wer immer sich eines Reiseführers bedient, tut dies in der festen Überzeugung, er organisiere seine Reise selbst, obwohl sie bereits organisiert ist.

Oft genug haben wir es dabei mit banaler, mit namenloser Architektur zu tun. Während ich dies schreibe – ich sitze an der Theke einer Bar – komme ich nach einem unangenehmen Auftritt eines Gastes mit der Kellnerin in ein Gespräch. Ich beschreibe ihr das Lokal als Kuhstall, erkläre ihr die Regeln der Bewirtschaftung, die Theke als Barren, den Rest als Freilaufbereich. Sieht man davon ab, dass Menschen Getränke mit der Hand zum Mund führen, Toiletten aufsuchen, Schamgefühle kennen, ihr Paarungsverhalten höchst kompliziert ist, dass Gäste in solchen Lokalen sich im Gegensatz zu Rindern jederzeit entziehen können, so findet

sich doch manche Übereinstimmung. Die Theke ist ein besonders schönes Beispiel banaler Architektur.
Die Grundanordnung: Eine räumliche Barriere, gleichermaßen Arbeits- wie Konsumraum, trennt jene, die hinter dieser Einrichtung stehen, ganz exakt von jenen, die vor ihr Platz genommen haben. In ihrer binären Struktur ist die eine Seite ohne ihr entsprechendes Gegenstück nicht zu denken. Die architektonische Anordnung dient vor allem der Beschleunigung. Sie schafft Übersicht. Da bleibt kein Glas leer, ohne dass dies nicht auffiele. Und schließlich organisiert die Theke das Verhalten der Akteure, all das, was zwischen Gast und Kellnerin, zwischen den Gästen möglich ist, die sich, seriell organisiert, oft in seltsamen Nachbarschaften wiederfinden.
Die Theke verdankt sich dem Bemühen, mit möglichst geringem Aufwand den größtmöglichen Umsatz zu erzielen. Unnötige Wegstrecken sollen vermieden werden. Die Gäste sind es, die sich bewegen sollen. Das Arrangement einer Bar erinnert an ein Selbstbedienungslokal, ohne jedoch die damit verbundenen unangenehmen Assoziationen zu wecken. Die Kellnerin muss die Theke beleben, sie muss die Gäste an das Lokal, an sich binden. Letztlich ist sie das Versprechen, in welcher Form auch immer. Deshalb muss sie sichtbar sein, deshalb darf sie sich nicht zu oft und nicht zu weit aus dem Blickfeld der davor sitzenden Gäste bewegen. Trinkgeld, und das ist ein wichtiger Teil ihres Verdienstes, bekommt sie nur, wenn sie Gäste „persönlich“ anspricht. Sie muss zumindest kleinste Gesten der Wahrnehmung setzen. Die Kellnerin, der wir jetzt zuschauen, ist eine Meisterin ihres Fachs. Gekonnt steuert sie das Sprechverhalten der Männer. Sie streut ihre Aufmerksamkeit, redet abwechselnd einmal nach

dieser, dann nach jener Seite, sie fragt, kommentiert etwas, zeigt sich interessiert, blickt aus den Augenwinkeln, spricht auch, wenn sie nebenbei etwas erledigt. Sie gibt keinem das Gefühl, gegenüber anderen vernachlässigt zu werden. Ist jedoch einer angetrunken, so wird sie sich, mag sie diesem noch vor kurzem ihre Aufmerksamkeit geschenkt haben, langsam zurückziehen. Einen Betrunkenen kann sie ignorieren. Sollte er sich ungebührlich benehmen, so wird sie ihn zurechtweisen oder ihm ein Taxi bestellen. Die Arbeitsanforderungen ermöglichen es ihr, genaugenommen aus jedem Gespräch auszusteigen. Da will ein Aschenbecher geleert sein, dort will jemand ein Bier.
„Reizwert" und Kompetenz einer Kellnerin sind zwar hinsichtlich des Umsatzes von großer Bedeutung, entscheidend ist jedoch die architektonische Rahmung. Eine Theke darf nicht zu groß und nicht zu klein sein, die Kellnerin darf nicht hinter Kaffeemaschinen und anderen Aufbauten verschwinden. Die Hocker sollen Halt geben, den Körper dabei aber nicht fixieren, sie dürfen nicht zu eng stehen. Thekenhöhe und Thekentiefe sind wie die Beleuchtung oder anderes von Bedeutung. Mühelos lassen sich Bars finden, die mit großem Aufwand eingerichtet wurden, die aber dennoch zumeist leer stehen. Fragt man sich nach den Gründen, dann wird man zumeist sehen, dass ihre Architektur menschlichen Verhaltenseigenschaften widerspricht.
Als weiteres Beispiel banaler Architektur sei der Gehsteig genannt. Der Vorläufer dieser Einrichtung, der „Bürgersteig", diente dazu, die Unterschiede der Klassengesellschaft zu betonen. Der Bürgersteig war für jene gedacht, die ihre Schuhe nicht in den Schmutz der Straßen setzen, die nichts mit jenen zu tun haben wollten, von deren Arbeit sie lebten. Heutige Gehsteige dienen dagegen der Entmischung des Verkehrs, der

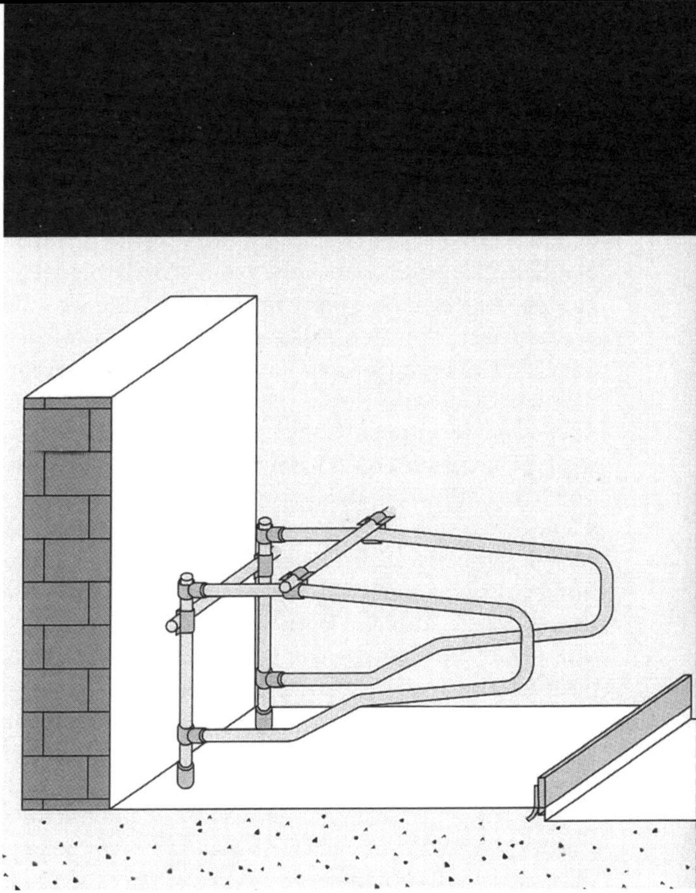

→ Modell einer Liegebox. Es sind cartesianische Räume, die nur vor und zurück, links oder rechts erlauben. Die einzelnen Plätze sind frei oder besetzt. Stets haben wir es nur mit Ja oder Nein zu tun. Abb. aus einer Werbebroschüre der Maschinenfabrik Schauer (Ausschnitt), 2006.

Beschleunigung von Verkehrsflüssen. Als in den traditionellen Dörfern die Straßen geteert wurden, sprach man davon, diese „staubfrei“ zu machen. Tatsächlich wurde der öffentliche Raum mit dem Teeren der Straßen, dem Pflastern von Vorplätzen, durch Gehsteigkanten, Gartenzäune oder Hecken vollkommen neu geschrieben. Mit der strikten Trennung zwischen öffentlichem und privatem Raum, Eigenem und Fremdem wurde auch das soziale Gefüge anders definiert.
Auch moderne Kuhställe kennen Gehsteige. Moderne Stallanlagen sind konsequent im Sinne der Organisation von Bewegungsabläufen geplant, mehr noch, sie entsprechen der Struktur des Straßenverkehrs. Es finden sich unterschiedliche Verkehrsflächen, etwa Gänge, auf denen sich Kühe bewegen, befahrbare Fresstische. Solche Anlagen kennen Einbahnen, Umleitungen, verkehrsberuhigte Zonen und Parkplätze. Liegeboxen lassen an Autoabstellplätze, solche Stallanlagen an Garagen denken. Und das Erstaunlichste an allem, es bedarf keiner Verkehrszeichen, noch irgendwelcher Verkehrsregeln: „Der gesamte Kuhverkehr lässt sich problemlos mit einem Fullwood-Computersystem steuern. Mittels Antennen und den über sie angesteuerten Selektionstoren bewegen sich die Tiere auf der jeweils vorgesehenen Route. Sie können ebenso über separate Ausgänge in einen getrennten Bereich umgeleitet werden. Auch lassen sich die verschiedenen Leistungsgruppen in unterschiedliche Stallbereiche selektieren. Wichtig ist nicht zuletzt die automatische Selektion einzeln identifizierter Tiere zur evtl. Behandlung oder Besamung. Selektionstore können auch eingesetzt werden, um den Rücktrieb der Tiere zu ihren Gruppen zu steuern. Die vielfältigen und flexiblen Möglichkeiten der automatischen Separierung und Selektierung sind mit einer erheblichen Zeiteinsparung

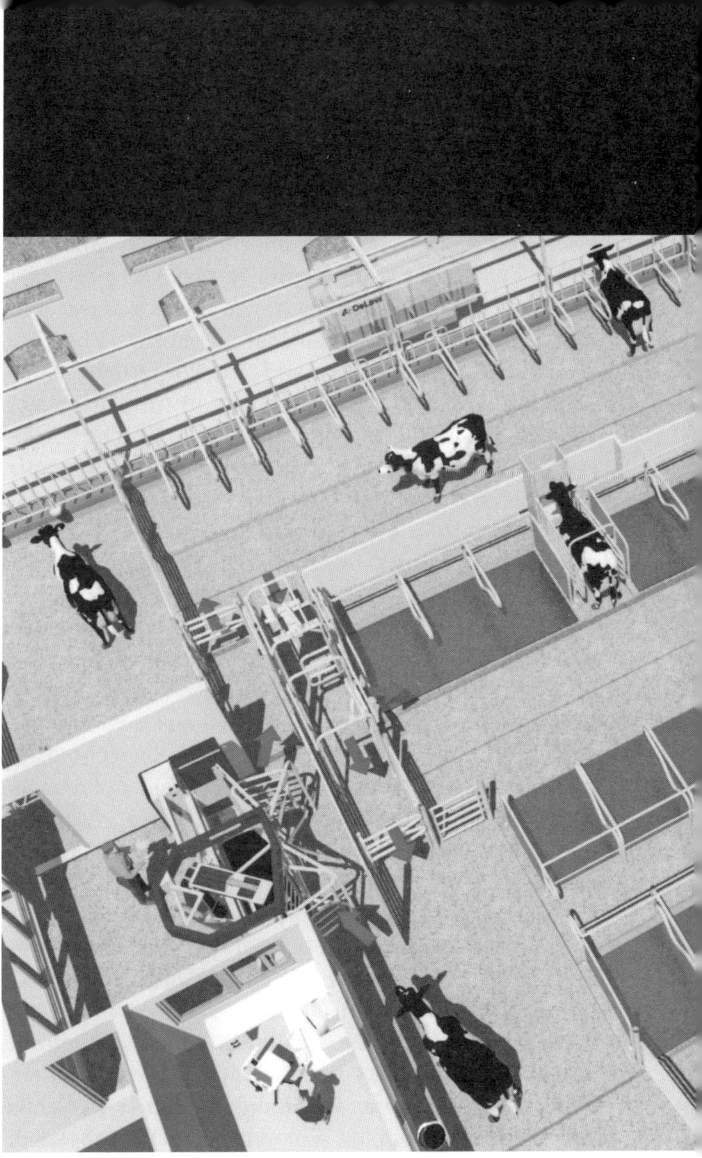

→ Fußgängerzonen, Gehsteige, Einbahnen, verkehrsberuhigte Zonen und Parkplätze, all das findet sich in modernen Kuhställen. Abb. aus einer Werbebroschüre des Herstellers DeLaval, 2007.

verbunden."[1] Die Verkehrsordnung wird den Kühen mit Hilfe von Technik und Architektur eingeschrieben. Beobachtet man auf einer Alm Rinder und Kühe, dann kann man sich davon überzeugen, dass das Sozialverhalten des Rindes recht kompliziert ist. Oft genug bleiben Tiere einzelner Bauern während des ganzen Sommers zusammen. Das einzelne Rind mag manche Kühe meiden, während es bei anderen körperliche Nähe, Anlehnung sucht, auf Hör- oder Sichtdistanz bleibt. Heutige Laufställe veröden die diesbezüglichen Anlagen des Rindes. Das Potenzial von Kühen, zu lebenden Automaten gemacht, ist so verkümmert, dass sie nicht einmal eine Herde, bestenfalls eine groteske und traurige Ansammlung zu bilden vermögen. Kaum einer der Agraringenieure, die solche Ställe planen, vermag dies zu sehen. Ihr Augenmerk gilt den Störungen, etwa dem durch Rangkämpfe bedingten Stress. Es ist nicht anders als im Straßenverkehr. Entweder setzen sich die Kühe gegen andere durch oder sie weichen aus. So betrachtet sind diese Ställe eine karikaturhafte Spiegelung der menschlichen Gesellschaft. Die Anlagen überzeugen dort, wo trotz des enormen technischen Aufwands alles fehlt, was im Interesse der Steuerung der Abläufe oder der Ökonomie nicht unbedingt erforderlich ist.
Unlängst habe ich eine in den fünfziger Jahren errichtete Kraftwerksanlage besichtigt. Die Turbinen befinden sich in einer riesigen in den Fels gehauenen Halle, tief unter Tag. Obwohl die Anlage höchst funktional konzipiert ist, ließ der Architekt alle Maschinenteile, Rohre, Metallbrücken und Geländer in genau aufeinander abgestimmten, leuchtenden Farben streichen. Große Aufmerksamkeit schenkte er auch der Beleuchtung. Das durch riesige Milchglasscheiben fallende künstliche Licht verleiht dem Raum die Atmosphäre einer futuristischen Gartenlandschaft. Solche Über-

legungen sind modernen Kuhstallplanern fremd. Mit Farbgebung würden sie sich bestenfalls dann beschäftigen, hätten wissenschaftliche Studien belegt, dies erhöhe die Milchleistung oder wirke sich günstig auf das Herdenverhalten wie die Futterverwertung aus. Der Architekt des erwähnten Kraftwerks war bemüht, die in den Berg gesprengte Halle zu einem angenehmen Ort für die Beschäftigten zu machen, zu einem Ort, an dem sie im Lärm dröhnender Turbinen vergessen sollten, sich tief unter Tag zu befinden. Durch die Anlage führte mich ein Pensionist, der jahrzehntelang in diesen Hallen gearbeitet hat, und – bedingt durch den Maschinenlärm – längst schwerhörig ist. Und doch sprach aus ihm sehr viel Stolz. Er fühlte sich mit den riesigen Maschinen, deren Vibrationen sich auf den Körper übertragen, vertraut. Heute bewegen sich nur noch selten Menschen durch diese Hallen, lässt sich nun doch alles von einer weit entfernt gelegenen Zentrale steuern. Als Erinnerung an Vorstellungen vergangener Zeiten, nämlich ein Arbeitsort müsse ein Raum des Lebens sein, sind die menschenleeren Hallen Tag und Nacht in ein angenehmes helles Licht getaucht. Im Gegensatz dazu sind moderne Kuhställe (wie auch nahezu alle von Menschen frequentierten Orte) konsequent als Transiträume geplant.

---

1 Internetseite des Herstellers Lemmer-Fullwood.

PEEPSHOW UND BEICHTSTUHL

Eine Peepshow in einem Kellergeschoß, Räume, die an eine Toilettenanlage eines großes Bahnhofs denken lassen. Aneinandergereiht eine lange Abfolge von Kabinen. In manchen der Kabinen sind Frauen in Reizwäsche zu sehen. Kabinen, in denen sich Kunden befinden, sind durch Vorhänge verschlossen. Hat ein Kunde eine der Kabinen, die nicht größer sind als Telefonzellen, betreten, wirft er einen Token in den Schlitz eines Münzautomaten. Das sich öffnende Rollo lässt seinen Blick in eine nicht viel größere Kabine fallen, in der er jene Frau sieht, für die er sich „entschieden" hat. Die beiden Kabinen sind durch eine Glasscheibe voneinander getrennt. Die Verständigung erfolgt mit Hilfe von Gesten oder eines Telefons. Es bedarf keiner Anweisungen. Was möglich ist, gibt die Apparatur vor. Sie ist ihre eigene Bedienungsanleitung wie sie auch das Verhalten jener festschreibt, die sich in ihr bewegen. An die Stelle des weiblichen Geschlechts tritt der Einwurfschlitz eines Automaten.
Jeder Jeton entspricht einem Zeitintervall von vierzig Sekunden, in dem es erlaubt ist, eine Frau zu betrachten, mit ihr zu sprechen, ihr Anweisungen zu geben, sie als lebende Wichsvorlage zu benutzen. Die Jetons erzwingen Zeitdisziplin. Einmal eingeworfen, haben sie einen mechanischen Ablauf zur Folge – die Mechanik des Öffnens und Schließens von Rollos, die der Masturbation. Mag die Aufmerksamkeit des Kunden dem weiblichen Geschlecht gelten, so bleibt dieses doch fern, mag es noch so nahe an das Glas gerückt werden. Die Apparatur organisiert eine amorphe Ansammlung von Männern als serielle Abfolge. Lämpchen zeigen an, ob eine Kabine frei oder besetzt ist, ob sie betreten werden darf oder nicht. Dieses einfache, aber höchst

effiziente System ist keineswegs neu. Lange zuvor wurde es im Beichtstuhl vorweggenommen. Dass die eine Apparatur zum Wichsen, die andere zum Bekennen begangener Sünden dient, sich da ein Kunde in Erregung versetzt und dort sich vielleicht ein Beichtvater am Liebesleben des Pönitenten ergötzt, ist von untergeordneter Bedeutung.
Das Konzil von Trient (1545–1563) versuchte dem drohenden religiösen Machtverlust durch eine formalisierte und verschärfte Kontrolle der Gläubigen entgegenzuwirken. Die Einführung des Beichtstuhles bzw. der zwingend vorgeschriebenen Beichte zu Beginn des siebzehnten Jahrhunderts markiert dabei einen zentralen Bruch: der einzelne Gläubige hatte sich weniger als Katholik zu bekennen, sondern musste sich zuerst als Nicht-Abtrünniger ausweisen. In einem ritualisierten Verfahren wurde der Gläubige einer akribischen Kontrolle unterworfen, wobei das angestrebte erschöpfende Geständnis insbesondere Fragen der Sexualität betraf. An die Stelle eines allgemein gehaltenen Sündenbekenntnisses traten offene Fragen. Die Beichte wurde verpflichtend. Beichtregister wurden auch an weltliche Behörden ausgeliefert. All dies musste gegen den Widerstand der Gläubigen und des niederen Klerus durchgesetzt werden. Wer der Beichtpflicht nicht nachkam, dem drohte die Kirche mit Heilsentzug, mit der Verweigerung der Sakramente oder der Beerdigung in geweihter Erde, dem drohte die weltliche Macht mit verschiedensten Strafen, die bis zur Vertreibung reichten.
An die Stelle des bis dahin gebräuchlichen Armstuhls trat der Beichtstuhl, wie wir ihn heute noch kennen. Zwischen den Priester und den Pönitenten schob sich das Beichtgitter (fercula). Es galt, sexuellen Übergriffen von Beichtvätern insbesondere gegenüber weiblichen Gläubigen vorzubeugen. Die Beichte durfte nicht länger

in der Sakristei oder einem dunklen Winkel der Kirche abgenommen werden. Die entsprechend der Beichtlogik notwendige Erörterung sexueller und intimer Praktiken wurde von den Kirchenoberen verständlicherweise als Gefährdung der eigentlichen Funktion der Beichte verstanden. Der Beichtstuhl organisierte gleichermaßen das Verhältnis zwischen dem Priester und dem Beichtenden wie jenes zwischen den Gläubigen untereinander.
Nicht nur die Beichtstuhlarchitektur, allein das Beichtgitter kennt zahllose Varianten. Letztere reichen von einfachen Holzgittern, grob behauenen Brettern mit Bohrlöchern über kunstvolle Schnitzereien bis hin zu leicht getriebenen Messingscheiben, die an die Sprech- und Hörmuscheln des Telefons denken lassen. Frühe Beichtstühle verdeckten den Oberkörper des Beichtenden durch einen Vorhang, gaben aber den Blick auf Knie und Füße frei. Heute handelt es sich meist um abgeschlossene Systeme, in denen Priester wie Beichtende jedem Blick entzogen sind. Getuschel ist nicht mehr zu hören. Dies verdankt sich nicht zuletzt der Einführung von Lämpchen, die Auskunft geben, ob sich im Beichtstuhl ein Beichtvater befindet, ob der Beichtstuhl frei oder besetzt ist. „Grün-rot": eine Beichte wird abgenommen; „Grün-grün": man kann eintreten. Solche Signalsysteme kennen wir aus vielfältigsten Alltagserfahrungen. Es handelt sich immer um binäre Codes: Ja oder nein, warten oder gehen, anhalten oder fahren.
So verschieden Beichtstühle auf den ersten Blick auch sein mögen, immer ist eindeutig klar, wer sitzt und wer kniet, wer bekennt und wer freispricht. Trotz aller regionalen Abweichungen hat sich überall dieselbe Grundstruktur behauptet, eine Anordnung, in der zwar *frei* gesprochen werden darf, die aber gleichzeitig

→ Frühe Variante in der Geschichte der Beichtstuhlarchitektur. Pietro Longhi (1702–1785), *Die Beichte*, Galleria degli Uffizi, Florenz.

auf höchst subtile Weise kontrollierend wirkt. Dass das Beichtgeheimnis über Jahrhunderte hinweg von staatlichem Zugriff verschont blieb, verweist auf den psychologischen Konnex der Herrschaftsausübung. Der Beichtstuhl differenziert zwischen dem Gläubigen auf der einen Seite (das kann auch ein Priester sein) und dem Priester auf der anderen Seite. Der eine spricht über sich, über Handlungen, die er gedacht oder ausgeführt hat, der andere verschwindet in der Theologie der Sünden und ihrer Vergebung. Während des Geständnisses schweigt der eine, während der Auferlegung der Buße und der Erteilung der Absolution der andere. Der Priester erteilt die Absolution nicht als Person. Er tritt als Vermittler auf, als Vermittler zwischen der Kirche und dem Gläubigen, genau genommen aber als Vermittler zwischen Gott und dem einzelnen Sünder. Deshalb darf der Beichtende den Priester nicht sehen.

Beichtstuhl und Peepshow erlauben gleichermaßen einen abrupten Kontextwechsel. Da wie dort bedarf es weder einer Begrüßung, noch einer Verabschiedung. Da tritt an die Stelle der Begrüßung das knarrende Geräusch der Kniebank, dort das hochgehende Rollo. Kaum ist der Gläubige eingetreten, kann er über Dinge sprechen, die er selbst engsten Vertrauten nie sagen würde. Der Besucher einer Peepshow hat keine Mühe sich zu entblößen und zu onanieren. Die Apparatur einer Peepshow sagt: *Hier wird gewichst.* Sie lässt keine anderen Möglichkeiten zu. Die Versachlichung, die auch die Frau hinter der Glasscheibe zu einem Bestandteil des Inventars macht, verhindert jede Befremdung, jede Irritation. Die Anordnung schließt jedes Schamgefühl aus, allerdings nur bis zum Abspritzen. Der einzelne Kunde muss kein Schamgefühl empfinden, wenn er onaniert oder sein Ejakulat gegen die Scheibe spritzt, Verlegenheit mag ihn aber überfallen, wenn er sich reinigt oder die Hose wieder hochzieht. Spätestens mit dem Abspritzen ist jedes Engagement der Frau hinter der Scheibe beendet. Nun bleibt der Kunde sich selbst überlassen. Ist das Rollo noch nicht geschlossen, wird er selbst zu einem Objekt der Betrachtung. Diesbezüglich ist der Beichtstuhl völlig anders organisiert. Ist die Absolution erteilt, die Buße auferlegt, kann der Beichtende mit einem Gefühl der Erbauung die Kabine verlassen.

Der Beichtstuhl ist ein schwarzes Loch, nicht zufällig, muss doch Dunkles ans Tageslicht gebracht werden. Der Priester und der Beichtende sind sich sehr nahe, vermögen sich aber bestenfalls schemenhaft zu erkennen. Sie können zwar den Atem des anderen hören, aber jeder Blickkontakt ist ausgeschlossen. Wie sollten sie sich in die Augen sehen, hat doch derjenige, der seine Sünde bekennt, in schamvoller Weise zu Boden zu blicken. Das Ohr vermag tiefer als das Auge zu dringen, welches an der Oberfläche des betrachteten Objekts haften bleibt. Dadurch vermag sich ein großer Raum zu öffnen. Der Beichtstuhl kennt die Vorstellung von einem tiefen Eintauchen. Dies ist der Peepshow fremd. Statt Hingabe Manipulation, vor allem fragliche Lektüre. Zweifellos haben anatomische Abbildungen des Geschlechtsapparates manche sexuelle Phantasie beflügelt und mochte es sich lediglich um einen schematischen Längsschnitt des Unterleibes handeln. Der Körper der Darstellerin in einer Peepshow wird ähnlich wie eine Abbildung in einem Buch betrachtet. Das Spreizen ihrer Beine oder Schamlippen lässt an das Aufschlagen eines Buches denken. Der Apparat ist als Zoom angelegt. Der Körper dient der konkreten Lektüre. Das Geschlecht, mag es das Ejakulat auch nie erreichen, findet sein Gegenstück im Ohr des Beichtvaters, in welches der Beichtende alles schütten darf,

zeigt er sich nur reuig. Der Beichtstuhl hat neben der Massenabfertigung auch die Distanzlosigkeit der Peepshow vorweggenommen. Auch hier verschwindet das Konkrete im Allgemeinen, im Funktionellen.
An dieser Stelle sei Heinrich Heine genannt. In seinen Reisebeschreibungen findet sich eine gegensätzliche Lektüre: „In einem solchen Stuhle saß ein junger Mönch mit ernster Miene, das Gesicht der Dame, die ihm ihre Sünden beichtete, war mir aber teils durch ihren weißen Schleier, teils durch das Seitenbrett des Fensters verborgen. Doch kam außerhalb desselben eine Hand zum Vorschein, die mich gleichsam festhielt. Ich konnte nicht aufhören, diese Hand zu betrachten; das bläuliche Geäder und der vornehme Glanz der weißen Finger war mir so befremdlich wohlbekannt, und alle Traumgewalt meiner Seele kam in Bewegung, um ein Gesicht zu bilden, das zu dieser Hand gehören konnte. Es war eine schöne Hand, und nicht wie man sie bei jungen Mädchen findet, die halb Lamm, halb Rose, nur gedankenlose, vegetabil animalische Hände haben, sie hatte vielmehr so etwas Geistiges, so etwas geschichtlich Reizendes, wie die Hände von schönen Menschen, die sehr gebildet sind oder viel gelitten haben. Diese Hand hatte dabei auch so etwas rührend Unschuldiges, daß es schien, als ob sie nicht mitzubeichten brauche, und auch nicht hören wolle, was ihre Eigentümerin beichtete, und gleichsam draußen warte, bis diese fertig sei. Das dauerte aber lange; die Dame mußte viele Sünden zu erzählen haben. Ich konnte nicht länger warten, meine Seele drückte einen unsichtbaren Abschiedskuß auf die schöne Hand, diese zuckte in demselben Momente, und zwar so eigentümlich, wie die Hand der toten Maria zu zucken pflegte, wenn ich sie berührte. Um Gotteswillen, dachte ich, was tut die tote Maria in Trient? – und ich eilte aus dem Dome."[1]

→ Probeknien in einem Beichtstuhl. Die Aufmerksamkeit gilt nicht dem Priester, sondern dem Fotografen. Beichtstuhl einer Kirche in Palermo.

In Heines Betrachtung der Hand, die aus dem Gestühl herausragt als ob sie „nicht mitzubeichten" bräuchte, sprengt sich die vorgegebene Ordnung. Über die Betrachtung der Hand versucht er sich das Gesicht, wohl auch den Körper der jungen Frau zu denken. Was für ein Unterschied zu jenem Schauen, welches in der Peepshow vorgegeben ist! Hier verdankt sich das Erotische dem, was im Dunklen, im Verborgenen bleibt. Das Zucken der Hand ist denn auch nicht Folge einer Manipulation, sondern phantasierte Antwort auf den „unsichtbaren Abschiedskuß". Heine hat den Dom nicht aufgesucht, um zu beichten. Die Beichte wird „abgenommen". Der Beichtstuhl ist ein Depot, ein Ort des Hinterlegens. Hier lassen sich begangene Sünden ablegen wie abgetragene Kleider. Heine ist nicht Beichtvater. Aber auch er nimmt ab, und seien es nur Zeichen einer jungen Frauenhand, das bläuliche Geäder (im Dom ist es kalt), den vornehmen Glanz, den Eindruck weißer Glieder. Und dann fügt sich in die Beobachtung die eigene Vergangenheit, das Bild der toten Maria, deren Hand ähnlich zuckte, berührte er sie nur.
Sowohl Peepshow wie Beichtstuhl sind Auslaufmodelle. Der Beichtstuhl hat mit der Installierung von Signalsystemen sein Endstadium erreicht. Werden in die Beichte biographische Diskurse eingeführt, dann bedarf es anderer Möbel. Plötzlich ist das Gesicht des Priesters von Bedeutung. Nicht länger soll dieses in der Dunkelheit verborgen bleiben. Nun will der Beichtende verstanden werden, der Priester verstehen. Mochte Sigmund Freud den Vergleich der Psychoanalyse mit der Beichte auch zurückgewiesen haben, so ist an ihre Stelle für den modernen Menschen doch die Psychotherapie getreten. Das Bedürfnis nach Geständnissen hat neue Ausprägungen erfahren. Man denke etwa an Talkshows. Die Kandidaten sprechen über intimste

Geheimnisse vor Personen, denen sie noch nie begegnet sind. Die Voraussetzung, an einer Talkshow teilzunehmen, besteht darin, ein Geständnis abzulegen. Männer beichten, ihre Frau halb tot geschlagen zu haben (es tue ihnen leid, nie wieder würden sie so etwas tun), andere gestehen, von Einbrüchen zu leben und selbst die Ferienhäuser ihrer Freunde nicht zu schonen, Frauen sprechen über entstellende Narben, beklagen sich darüber, unter ihren zu klein oder zu groß geratenen Brüsten zu leiden, Kandidaten erzählen von Fehltritten und Liebesaffären, während der unwissende Mann oder die betrogene Frau im Idealfall im Publikum oder in einem Raum hinter der Bühne sitzt (ihr Gesicht kann eingeblendet werden). Die Peepshow wird durch wirkliche Automaten abgelöst. Will ein Kunde ein Geschlecht in Großaufnahme sehen, dann kann er das entsprechende Programm wählen. In Zukunft wird eine Zoomtaste jedem Kunden erlauben, Blicke in die Abgründe des weiblichen Geschlechts zu werfen oder Schamhaare in Bleistiftstärke zu betrachten. Maschinen sind nicht nur weniger störanfällig als Frauen, ein und dasselbe Programm lässt sich beliebig multiplizieren.

1 Heinrich Heine: *Reisebilder*, Zürich 1993, S. 263.

MELKMASCHINE, KREISVERKEHR

D.H. Lawrence schreibt, Kühe seien sehr weiblich, übten eine besänftigende Wirkung auf den Menschen aus. Lehne man beim Melken den Kopf an ihre Flanke, fühle man sich getröstet.[1] Im Melken fand sich einmal ein unmittelbarer Kontakt zwischen dem Bauern und seinen Kühen. Wer über Jahre hinweg zweimal täglich eine Kuh melkt, der kennt die Beschaffenheit eines Euters, sein Kopf, der sich in die Seite der Kuh drückt, weiß um die Befindlichkeiten des Tieres. Es ist ein wechselseitiges Verhältnis. Die Kuh reagiert auf die Unruhe des Melkenden mit Schwanzschlägen oder Tritten gegen den Melkkübel, dieser auf die Unruhe der Kuh vielleicht mit Schimpfen und Schlägen: „Bei einer geschickten Melkerin stehen die Kühe ruhig und fressen behaglich fort, während sie bei einer des Melkens Unkundigen unruhig werden, die Füße aufheben, als ob sie ausschlagen wollten, sich öfters umsehen und mit dem Schweife herumschlagen. [...] Vor dem Melken hat sich die Melkerin ein Kopftuch über die Haare zu binden und die Hände reinzuwaschen und gut abzutrocknen, denn durch nasses Melken bekommen die Kühe leicht wunde Zitzen; alsdann soll das Euter mit lauwarmem Wasser und Schwamm gewaschen und mit weicher, alter Leinwand abgetrocknet werden, was nicht nur der Reinlichkeit wegen zu geschehen hat, sondern auch weil die Milch dadurch leichter fließt. Die Melkerin setze sich dann derart zur Kuh, daß sie mit der rechten Hand die hinteren Striche melken kann und nehme den Melkeimer (welcher jedoch nicht auch zum Waschen gebraucht werden darf) fest zwischen die Knie; dann walke sie anfangs das Euter sanft zwischen den Händen, damit die in demselben enthaltene Milch gemischt werde und dadurch leichter bis zur

Neige ausfließt, als wenn die fette allein zurückbleibt, indem diese sich schwer ausmelken läßt. [...] Das Melken geschieht, indem man mit der linken Hand einen vordern und mit der rechten einen hintern Strich erfaßt und dabei mit Daumen und Zeigefinger oben sanft an das Euter stoßt, worauf die Hände die in die Striche rinnende Milch ausdrücken, indem sie selbe öffnen und wieder schließen, wobei aber die Striche nicht gezogen werden dürfen. [...] Als Beweis von geschicktem und kräftigem Melken dient der Schaum im Milchsechter."[2] Dies schrieb die Kochbuchautorin Katharina Prato Ende des neunzehnten Jahrhunderts. Damals dachten manche, die Milchleistung ließe sich steigern, würden Kühe nicht von Mägden, sondern von Männern gemolken. Da weibliche Tiere mehr Zuneigung zu Männern entwickeln würden, sei es geboten, Kühe nicht länger von Frauen melken zu lassen. Die Erfolge der Schweizer (oftmals mit Melkern gleichgesetzt) seien darauf zurückzuführen, „daß für die Kuh, als weibliches Geschlecht, das Melken durch den Mann sympathischer ist als durch ein weibliches Wesen. Bekannt ist, daß die Kuh die Milch verhalten kann, und daß sie umgekehrt mehr Milch geben kann, als das Euter faßt. Die Sympathie oder Antipathie gegen die melkende Persönlichkeit ist also von größter praktischer Bedeutung."[3] All dies habe nicht mit Muskelkraft, sondern einzig mit Körperausdünstungen zu tun, für die das Rind mit seinem sensiblen Geruchsorgan besonders empfänglich sei. Der technische Fortschritt hat solche Spekulationen überflüssig gemacht, mehr noch, heutige Melkmaschinen sind menschlichen Melkern überlegen.

Melkmaschinen haben zersetzend auf das wechselseitige Verhältnis von Mensch und Tier gewirkt. Moderne Melkroboter setzen nicht einmal die Anwesenheit

eines Bauern voraus, lange tradiertes Erfahrungswissen wird „in Gegenwart imponierender technischer Instrumente überflüssig, zwischen Mensch und Tier schieben sich Instrumente und Apparate und erübrigen den direkten Kontakt zum Tier."[4] Ob eine Kuh dem Leistungssoll entspricht oder nicht, das ist nicht länger eine Frage des Gefühls, keine Frage jahrzehntelanger Erfahrung, sondern statistisch errechneter Durchschnittswerte, die von einem Computer kontrolliert werden. Mit jedem Automatisierungsschritt hat sich das Verhältnis der Bauern zu den Kühen verändert. Melkautomaten machen dies besonders deutlich. Es lassen sich einfachere Beispiele nennen. Gibt es einmal Selbsttränken, dann ist es nicht länger nötig, Kühe und Rinder zweimal täglich zu einem Brunnen zu führen. Gibt es einen elektrischen Weidezaun, dann braucht niemand mehr das Vieh hüten. Die leichten Stecken sind schnell aufgestellt, der Draht ebenso rasch gespannt. Werden Kühe künstlich besamt, dann muss man mit der Kuh nicht länger zum Gemeindestier. Rindrige Kühe konnten ganz schön bockig sein, den Weg zum Stierhalter zu einem langen Weg machen, zumal im Winter, wenn sie wochenlang angekettet standen, und sich, waren sie erst einmal von der Kette gelassen, Luft machen mussten, und dies noch in einem Zustand hormoneller Erregung.
Bereits 1836 wurden in England Melkröhrchen als Vorläufer der Melkmaschinen patentiert. Die erste Melkmaschine wurde 1862 von Kershaw und Colvin gebaut. Alle diese Maschinen suchten die stoßenden, drückenden und saugenden Bewegungen des Kalbes oder jene der Finger und Hände beim Melken nachzuahmen. Die eigentliche Erfindung bestand im sogenannten „Telepulsator", der einen rhythmischen Wechsel zwischen einer leichten Saugung, die nur die Zitzen hält, mit

→ Frau mit Kuh. Vorarlberg, um 1930.

einer stärkeren Saugung, die die Milch aus den Zitzen zieht, ermöglicht.[5] Darüber hinaus sind die Bewegungen der Melkmaschine so organisiert, dass die Saugleistung des Zitzenbechers A dann am stärksten sein muss, wenn sie in C am geringsten ist, während sich gleichzeitig die Saugleistung des Zitzenbechers B verstärkt, die von D dagegen im Abnehmen begriffen ist. Das System lässt an einen Viertaktmotor denken. Moderne Melkstände wenden das Prinzip des Telepulsators auf Herden an. Es werden weniger Einzeltiere als Herden gemolken, im besten Fall große Herden. Hier finden sich dieselben Grundüberlegungen. Es geht um Ventile, den ständigen Wechsel von Unter- und Überdruck. Schleusen füllen und leeren sich ebenso wie Futterschalen, Mägen und Euter. Und wie bei den frühen Melkmaschinen fügt sich jede Bewegung exakt in eine Gesamtbewegung. In der technisch organisierten Rinderhaltung drehen sich die Kühe endlos im Kreis, und zwar so lange bis sie aussortiert werden. Offensichtlich wird die Kreisbewegung bei Melkkarussellen.

Betrachtet man etwa ein Ziegenkarussell, dann wird deutlich, dass die Aufmerksamkeit der höchstmöglichen Automatisierung, Nutzung der in Verhaltensdispositionen gebundenen Energie, Vermeidung aller nur erdenklichen Leerläufe und Störungen gilt. Eine Ziege nach der anderen betritt durch eine Schleuse eine sich im Uhrzeigersinn drehende Plattform und senkt ihren Kopf durch eine Halterung in eine Schale, die gerade automatisch mit Kraftfutter gefüllt wurde. Es bedarf keines Stocks, nicht einmal eines Treibers. Zwei Personen sind einzig damit beschäftigt, Euter zu reinigen und Zitzenbecher anzuhängen. Hat sich das Karussell nach wenigen Minuten einmal gedreht, ist die Ziege gemolken (die Entfernung der Zitzenbecher geschieht automatisch), öffnet sich eine einfache Halterung, mit

→ „Das Schaf- und Ziegenkarussell von SAC ist eine schöne und funktionelle Melkanlage von hochwertiger Qualität – sei es als Produktionseinheit oder als Arbeitsplatz. Die Anlage wird aus haltbaren, rostfreien Materialien auf einer tragenden Konstruktion aus galvanisiertem Stahl hergestellt. Wegen des kurzen Arbeitsradius, ist das innenbediente Karussell ferner ein sehr effektiver Arbeitsplatz. Das Schaf- und Ziegenkarussell hat eine sehr große Kapazität – so hat das abgebildete Karussell mit 48 Melkplätzen eine Kapazität von 325–300 Tieren pro Stunde." Abb. aus einer Werbebroschüre des Herstellers SAC (S.A. Christensen & Co), 2005.

deren Hilfe die Ziegen fixiert werden, worauf das Tier durch die Ausgangsschleuse in einen abgegrenzten Bereich des Stalles zurückkehrt. Halterung und Futterschale kippen nach unten, um sich nach der Unterquerung der Abgangs- und Zugangsschleuse wieder aufzurichten und mit Kraftfutter für die nächste Ziege zu füllen. Beim Betrachten dieser erstaunlichen Maschine fürchtete ich, Ziegen könnten, am Endpunkt angelangt, erdrückt oder gar geköpft werden, sollten sie ihren Kopf nicht rasch genug aus der Halterung heben. Nichts dergleichen. Die Maschine läuft und läuft, und die Ziegen laufen mit ihr. Der Hersteller übertreibt nicht: „In allen Bereichen ist ein schneller und effektiver Arbeitsgang gewährleistet." Der Ablauf ist als endlose Kreisbewegung organisiert, in die sich die Ziegen (Kühe oder Schafe) selbst einfügen, die sie selbst wieder verlassen (sie können gar nicht anders). Der Automat organisiert nicht allein die Tiere, er organisiert auch jene, die an ihm beschäftigt sind. Hersteller solcher Anlagen schenken denkbaren oder stattgefundenen Störfällen größte Aufmerksamkeit. In den Hochglanzbroschüren wird man diesbezüglich freilich wenig erfahren. Und doch funktionieren solche Maschinen nie ganz störungsfrei. Es kommt vor, dass selbst hornlose Kühe in den Gestängen von Aufstallungen ersticken. Das Problem liegt dabei weniger im Verlust des Tieres als in der Unterbrechung des Bewegungsablaufes. Gäbe es genügend Tiere, so liefen solche Karusselle rund um die Uhr. Melkkarusselle kennen jedoch Melkzeiten. Dazwischen stehen sie still, ist der Bewegungsablauf unterbrochen.

Zu den Phantasmen unserer Gesellschaft zählt die Vorstellung, diese funktioniere dann gut, gäbe es keine Unterbrechung der Bewegung. In besonderer Weise machen dies Kreisverkehre deutlich, die nun allerorten

→ Rinderställe kennen wie Verkehrsströme Flussdiagramme. Beispiel: Auf den Vorwartebereich folgen Melkstand, Nachwartebereich und Klauenbad. Die nachfolgende Selektion bedeutet entweder Abgang, Behandlung oder Rückkehr in den Laufstall. Wie das Melkzeug „die sensible Schnittstelle zwischen Tier und Technik“ bildet, kommt dem Melkstand eine entscheidende Funktion in der Organisation der Bewegungsabläufe zu. Abb. aus: Werbebroschüre des Unternehmens Lemmer-Fullwood, 2007.

errichtet werden, oftmals noch betont durch künstlerische Arbeiten, die an Banalität nichts zu wünschen übrig lassen. Ein gut angelegter Kreisverkehr kennt im Gegensatz zu einer ampelgeregelten Kreuzung keine wirklichen Wartezeiten. Einfachste bautechnische Maßnahmen ermöglichen ein sich selbst regulierendes System, eine Ordnung, die jeden Akteur zu einem Mitspieler macht, der angehalten ist, die geltenden Spielregeln bestmöglich zu nutzen. Die Einzelnen sind gezwungen, miteinander zu interagieren, ohne jedoch wirklich in Kontakt zu treten. Tatsächlicher Kontakt, die Kollision zweier oder mehrerer Autos, hätte eine Störung des Verkehrsflusses zur Folge. Autowracks, Abschlepp-, Polizei- und Rettungsfahrzeuge blockierten die Fahrbahn. Bewegung mit geringstmöglichen Reibungsverlusten, Nutzung vorhandener Energien, selbsttätige Bewegung, Vermeidung von Leerläufen. Übrigens findet sich die Schwester des Zitzenbechers in der künstlichen Vagina, mit deren Hilfe Sperma gewonnen wird. Auch hier haben wir es mit einem Melkverfahren zu tun. Trotz aller Technik hat sich die Spermiengewinnung bislang nicht automatisieren lassen.

---

1 D.H. Lawrence, *Lady Chatterley*, Zürich o.J., S. 450.

2 Katharina Prato, *Die Haushaltungsskunde. Ein Leitfaden für Frauen und Mädchen aller Stände*, Graz 1897, 6. Auflage, S. 107 ff.

3 Th. Zell, a.a.O., S. 89.

4 Kathrin Oester, a.a.O., S. 50.

5 Vgl. Max Geitel (Hg.), *Der Siegeslauf der Technik*, Bd. II, Stuttgart ca. 1915, S. 416–417.

STRASSENSTRICH
VERKEHR UND KREISVERKEHR

Zola, der sich als Naturalist verstand, schuf in seiner Nana eine bürgerlich-projektive Figur. Beschäftigte er sich mit dem wirklichen Leben von Prostituierten, etwa mit Schikanen durch die Polizei, dann einzig deshalb, um seinem Roman, in dem er gleichermaßen die sexuellen Phantasien seines Publikums wie dessen moralische Entrüstung bediente, den Anstrich gewissenhafter Recherche zu geben. Unter jenen, die Zolas *Nana* fortschrieben, ist vor allem Jean-Luc Godard zu nennen. Er stellte Zolas Nana vom Kopf auf die Beine. In seinem Film *Die Geschichte der Nana S.* (Frankreich 1962) kommt eine junge Frau nach Paris, um Schauspielerin zu werden. Sie besucht ein Kino. Es läuft Dreyers Film *La passion de Jeanne d'Arc* (Frankreich 1928). In der von Godard zitierten Einstellung ist Antonin Artaud zu sehen. Zwischentitel: „Gott allein weiß, wohin er uns führt. Wir erkennen unser Ziel erst am Ende des Weges." Ihr späterer Zuhälter fragt Nana, ob sie zum Film gehen wolle. Sie erwidert, sie habe bereits in einem Film mit Eddie Constantine mitgespielt. Doch Nana wird nicht Schauspielerin, sie wird Prostituierte. Die Geschichte endet traurig. Nana wird in einer Auseinandersetzung zwischen Zuhältern erschossen. Die Kamera zeigt sie auf dem Straßenpflaster liegend. Autos fahren ab als sei nichts geschehen. Im Gegensatz zu Zola hat sich Godard wirklich mit der Prostitution beschäftigt, mit ihren Regeln, Bewegungen und ständigen Wiederholungen, mit ihren spezifischen Formen der Wahrnehmung.

Um auf sich aufmerksam zu machen, muss sich eine Prostituierte exponieren, am Straßenrand, an einer Kreuzung, wenn möglich an einer Stelle, die durch ein

Schaufenster oder eine Straßenlampe beleuchtet ist. Es muss sofort klar sein, warum sie dasteht. Kunden wissen in der Regel die Körperhaltung, hochhackige Stiefel, grelleuchtende Perücken, Kleidung, die vor allem Beine und Busen betont, zu deuten. Es genügen wenige Codes, um die Frau als Prostituierte zu erkennen. Diese Codes sind sehr banal, abgestimmt auf Fahrzeuge, die in Bewegung sind, und Blicke, die nur sehr kurz dauern. In der Straßenprostitution verdankt sich das Verhältnis von Prostituierten und ihren Kunden entscheidend jener Wahrnehmungsdisposition, die das Auto bedingt. Die Straßenprostitution lebt vom flüchtigen Blick durch die Windschutzscheibe. Dieser Blick schafft eine spezifische Form des Begehrens. Ein Kunde, der aus dem fahrenden Auto die am Straßenrand stehenden Prostituierten betrachtet, vermag bestenfalls zu sehen, ob eine Frau jung oder alt, dick oder dünn, hell oder dunkel ist, ob sie kurze oder lange Beine oder einen großen Busen hat. Die betrachtete Frau ist mehr Zeichen als Person, Teil der nächtlichen Stadtlandschaft. Viele umgangssprachliche Bezeichnungen machen deutlich, dass sie auf ihre Funktion („Nutte") oder auf das Geschlecht („Möse", „Fut" etc.) reduziert wird. Umgekehrt erlaubt diese Reduktion vielfältigste Aufladungen und Projektionen. Die Betonung liegt im Aufbauen des Begehrens und nicht im Öffnen der Kleider, auch nicht im Geschlechtsakt. Der unmittelbare Kontakt dient der Spannungsabfuhr. Der konkrete sexuelle Kontakt hat weniger eine Befriedigung als eine Abkühlung zur Folge.

Das Abfahren von Prostituierten, die am Straßenrand stehen, erinnert an die Programmwahl beim Fernsehen, täuscht die Fiktion vor, zwischen unterschiedlichen Angeboten wählen zu können. Diese Wahl geschieht aus dem geschützten Raum des Autos. Dabei bewegen sich die Kunden, die mit dem Auto ihre Runden drehen, in einer Art Jagdrevier. Darin bricht sich das Bedürfnis des Mannes, die begehrte Frau vor allen anderen zu besitzen. In der Straßenprostitution verdichtet sich dies, bewegt sich der Fahrende doch unter anderen Autos, in denen ebenfalls Männer auf der Suche nach einer Prostituierten sitzen. Nicht nur ihr Verhalten macht sie ähnlich, gemeinsam ist ihnen die latente Angst, zu spät zu kommen, in einem Konkurrenzverhältnis zu unterliegen. Dies erzwingt wiederum eine Erhöhung der Geschwindigkeit, wodurch die durch die Windschutzscheibe wahrgenommene Wirklichkeit noch einmal schemenhafter wird, eingeregelt in die Fließgeschwindigkeit des Verkehrs: da eine rote Ampel, jetzt wieder grün, eine drängende Autokolonne. Das Wort „Verkehr" ist mehrdeutig. Es meint nicht nur die Bewegungen von Fahrzeugen, Waren oder Geld, es meint auch die sexuelle Begegnung von Menschen. In der Straßenprostitution fällt beides in eins. Die Fließgeschwindigkeit will erhöht, aller Reibungsverschleiß minimiert sein. Ob Straßenverkehr oder Prostitution, da wie dort gilt es, Zeichen zu lesen.

Der Standplatz bildet die Schnittstelle, an der Prostituierte und Kunden aufeinandertreffen, an der amorphe Bewegungen von Männern seriell organisiert werden. Der im Auto sitzende Mann muss eine Frau, die er als Prostituierte wahrnimmt, nicht fragen, ob sie dies tatsächlich ist. Er bleibt einfach in ihrer Nähe stehen. Kommt sie auf sein Auto zu, so ist die Frage bereits beantwortet. Ob es zwischen den beiden zu einem sexuellen Kontakt kommt oder nicht, bedarf in der Regel nur weniger Sätze oder Worte. Steigt sie in das Auto, dann wird sie sich bereits wenige Minuten später entkleidet haben, wird ein Mann in sie eindringen, den sie noch nie sah. Dieser völlig unvermittelte Übergang zerstört alle Zwischenbereiche von Nähe und Distanz. Jede tatsächlich intime Begegnung betont die gegenseitige Wahrnehmung, erlaubt es, Angst oder Schamgefühlen Ausdruck zu verleihen. Der Kontakt zwischen Prostituierten und Kunden ist schamlos. Jeder sexuelle Wunsch ist bereits bekannt. Er steht in einem Verhältnis zu einem bestimmten Preis. Mag der Preis vom Aussehen der Prostituierten, ihrem Alter oder dem Standplatz abhängig sein, entscheidend sind Ekelkriterien und investierte Zeit. Dadurch verschwindet das Persönliche im Allgemeinen. Wie es keine Scham gibt, so kann es keine Enttäuschung geben. Wird eine Prostituierte von einem Kunden beschimpft, so handelt es sich bestenfalls um eine Kränkung, aber Enttäuschung kann es keine sein.

Das Verhalten gegenüber dem Kunden orientiert sich vor allem an Wirkungen, die an ihm erzielt werden. Mögliche Lustgefühle haben einzig mit dem erworbenen Geld zu tun. Geld lässt sich angreifen, man kann es durch die Finger gleiten lassen, zählen. Geld gilt als schmutzig, hier dient es der Reinigung. Geld wird zum Äquivalent für erlebte Kränkungen und Demütigungen, es dient als Kompensation für Diskriminierung, Ausgrenzung und Stigmatisierung. Allerdings verschwindet ein Großteil des scheinbar leicht verdienten Geldes in der ständig notwendigen physischen und psychischen Wiederherstellung: Betäubungs- oder Aufputschmittel, Zigaretten, Alkohol, Konsumgüter und so weiter. Das Problem der Straßenprostitution liegt nicht im Tausch Sexualität gegen Geld. Das Problem liegt vielmehr dort, wo dieses Arrangement jede tatsächliche gegenseitige Wahrnehmung unmöglich macht.

Der Standplatz ist aber auch jene Schnittstelle, in der Allgemeines individuell wird, das Individuelle aber wiederum in Allgemeinem aufgeht. Hier wird der Mann zu einem Kunden. In diesem Augenblick wird auch er taxiert, als Teil eines Sortiments betrachtet. Ihr taxierender Blick ist jedoch ein anderer. Ihr Zeichenlesen hat nichts mit Begehren, es hat mit Ökonomie zu tun. In der Prostitution ist ein Mann ein Kunde, immer ist er einer unter vielen. Einen einzelnen Kunden gibt es nicht. Diese Art des Zusammentreffens kennt keine Intimität. Intimität bedarf der Zwiesprache, sie gilt immer der ganzen Person. Intimitätsgesten stünden nicht allein im Widerspruch zur tatsächlichen Beziehungslosigkeit, sie lassen sich nicht mechanisieren. Küsse leben von der differenzierten Wahrnehmung. Im Küssen lesen wir die Geschichte des anderen Körpers. Mund, Lippen und Zunge nehmen vielschichtig wahr. Sie sind nicht allein empfänglich für taktile Empfindungen, sondern ebenso für den Geschmack oder die Gerüche der Körperoberfläche. Im Küssen entdecken wir Unebenheiten der Haut, kleine Verletzungen und Narben. Nanas erster Kunde versucht ihren Mund zu küssen. Sie entwindet sich. Ihr Zuhälter küsst sie auf den Mund, als sie einwilligt, für ihn zu arbeiten. Aus seinem Mund empfängt sie den Rauch eines Zigarettenzuges. Dann atmet sie für ihn aus.

Wie der Autofahrer sich nicht selbst bewegt, so ist der Kinobesucher passiv. Nicht zufällig ziehen sich bei Jean-Luc Godard Auto und Prostitution als metaphorische Protagonisten durch nahezu all seine Filme. Immer wieder übernimmt die Kamera den Blick der Fahrenden durch die Windschutzscheibe. So wird die Bewegung des Autos zur Kamerafahrt. Mag diese noch so lang sein, die Bewegung des Autos langsam, immer sind es flüchtige Blicke. Es ist, als würde die Wirklichkeit durch die Scheiben des Wagens zur Kulissenwelt verkommen. Am Beginn von Godards Film *Außer Atem*

(Frankreich 1959) fährt Michel auf einer Überlandstraße. Das Auto hat er soeben gestohlen. Auch hier übernimmt die Kamera in einer langen Einstellung den Blick durch die Windschutzscheibe. Schon aus großer Entfernung erkennt Michel am Straßenrand zwei junge Frauen, die mitgenommen werden wollen. Michel: „Ich stoppe und kassiere einen Kuss pro Kilometer." Michel verlangsamt die Fahrt und fährt an den Straßenrand. Auf gleicher Höhe beschleunigt er den Wagen wieder: „Die kleine wäre nicht zu verachten. Hat ein ganz hübsches Fahrgestell. Aber die andere. Nicht meine Blutgruppe. Sind mir doch zu hässlich." Michel greift in das Handschuhfach des gestohlenen Wagens und entdeckt einen Revolver. Er zielt durch die Windschutzscheibe, schießt durch das offene Seitenfenster in Baumkronen. Bereits wenige Minuten später wird er einen Polizisten töten. Michels Unempfindsamkeit wäre ohne das Auto nicht denkbar. Die fast vollkommene Loslösung vom Ort, welche erst durch das Auto ermöglicht wird, lässt die realen Personen unwirklich erscheinen. Folgerichtig kopiert Michel Attitüden und Gesten von Gangstern aus amerikanischen Kinofilmen.

Zur Mechanik des Straßenverkehrs fügt sich jene des Geschlechtsakts. Verständlicherweise verdient eine Prostituierte um so mehr, je besser sie die Zeitökonomie im Umgang mit ihren Kunden beherrscht, je mehr Kunden sie im Laufe eines Abends *bedient*. Wie die Straße mit ihren Ampeln, Kreuzungen, Einbahnen die Fortbewegung festlegt, so unterliegt das, was zwischen einem Kunden und der Prostituierten geschehen kann, einem weitgehend festgeschriebenen Ablauf, letztlich einer stupiden Mechanik. Godard hat sich mehrfach mit dieser Mechanik beschäftigt. In *Rette sich wer kann: Das Leben* sitzt ein etwas dicker Mann hinter einem

Schreibtisch. Nicole, nackt, in der Haltung eines Hundes, hat sich unter den Tisch gezwängt. Der Mann zu seinem Assistenten: „Thierry, steck ihr deinen rein ..." Zu Nicole gewandt: „Bei jedem Stoß saugen Sie ..." Etwas später steigert sich die Mechanik noch. Nicole, immer noch unter dem Schreibtisch, liegt jetzt auf dem Rücken. Berührt der Mann hinter dem Schreibtisch mit seinem Schuh ihren Busen, so hat sie „Au" zu rufen, Thierry „Oh", Isabelle „He", worauf diese dem Mann hinter dem Schreibtisch mit einem roten Stift die Lippen zu schminken hat. So hat jede Bewegung eine andere zur Folge. Möglicherweise dachte Godard an obszöne Abbildungen des achtzehnten Jahrhunderts, auf denen mehrere Menschen miteinander sexuell verkehren, gleichsam zu einem einzigen Maschinenkörper verschmelzen. Solche Abbildungen tauchten damals nicht zufällig auf. Es war die Zeit, in der die ersten Maschinen mit komplexeren Bewegungsabläufen gebaut wurden. Godard könnte auch an Guillaume Apollinaires Roman *Die elftausend Ruten* gedacht haben, in der sich folgende Szene findet. Estelle umklammert mit ihren Beinen Mariettes Hals. Diese leckt deren Scham, die Nase zwischen ihren Hinterbacken. Eine Bewegung löst eine andere aus. Ein versehentlicher Schlag mit dem Stöckelschuh trifft Cornabeaux im Gesicht. Cornabeaux kneift Monys Hintern. Mony beißt in Mariettes Schulter. Mariette gräbt ihre Zähne in Estelles Geschlecht. Estelles um Mariettens Hals geschlungene Beine schließen sich. Mariette erstickt.

In der Straßenprostitution erfolgen die Kontakte in der Regel in einer unvorstellbaren Geschwindigkeit, nicht viel anders, als wir es aus der Medizin kennen. Sitzt man in einem Warteraum einer Ambulanz, dann erscheint einem die medizinische Praxis vor allem als ständiges Öffnen und Schließen von Türen. Auch Prostituierte, die auf dem Straßenstrich arbeiten, sind mit ständigem Öffnen und Schließen beschäftigt. Öffnen und Schließen von Autotüren, von Türen, die in Vorräume, Hotelzimmer oder Wohnungen führen. Auskleiden und Ankleiden. Im Gegensatz zu Ärzten, die an einem Tag erstaunliche Patientenzahlen abarbeiten, bringen es Prostituierte während einer Nacht gerade einmal auf acht bis zehn Kundenkontakte. Aber man darf nicht vergessen, dass Prostituierte gezwungen sind, neben ihrer eigentlichen Arbeit als lebendige Reklametafeln am Straßenrand zu stehen, auf Kunden zu warten, dass es sehr viel Zeit kostet, zwischen dem Standplatz und einem Hotelzimmer oder einem Parkplatz zu pendeln. Die enorme Geschwindigkeit, mit der sich die *schnelle Nummer* abspielt, steht in einem krassen Gegensatz zur Zeiterfahrung des Wartens, des Wartens auf den nächsten Kunden, des Wartens bis er sich angezogen hat oder endlich abspritzt.

Nana S. wird während einer Autofahrt durch Paris in die Regeln der Prostitution eingeführt. Godard zitiert dabei aus Marcel Sacottes Dokumentation *Ou en est la prostitution?* Nana: „Was muss ich nun genau machen?" „Die Prostituierte treibt Handel mit ihren körperlichen Reizen. Sie bemüht sich soviel Geld wie möglich zu verdienen, indem sie sich eine möglichst zahlungskräftige Kundschaft sucht." Nana: „Bekomme ich ein eigenes Zimmer?" Er: „Die meiste Zeit werden zwischen zwei Vermietungen nicht einmal die Bettücher gewechselt, sondern nur die Handtücher. In manchen Hotels haben die Betten keine Decken, sondern nur ein Bettuch ..." Den Fragen und Antworten ist eine Bildabfolge unterlegt, in denen Nana immer wieder zu sehen ist wie sie

→ Nana mit einem Kunden. Filmstill aus Jean-Luc Godards *Die Geschichte der Nana S,* Frankreich 1962.

mit einem Kunden ein Hotelzimmer betritt oder dieses wieder verlässt.
Eine Lifttür öffnet sich, Nana betritt mit einem Kunden das Stiegenhaus eines Hotels. Schnitt. Nana schlägt eine Bettdecke zurück. Schnitt. Der Kunde bezahlt. Nana öffnet zuerst den Riemen ihres rechten, dann des linken Schuhs. Schnitt. Ihre Hand tastet nach dem Schalter der Nachttischlampe. Sie löscht die Lampe. Nana kämmt sich. Nana betritt mit einem Kunden ein Hotel. Die beiden betreten einen Lift. Sie verlassen den Lift. Nana betritt mit einem anderen Kunden ein Hotelzimmer. Sie knöpft ihre Weste auf. Ein Kunde umarmt sie. Sie lässt es sich gefallen. Sie raucht und blickt teilnahmslos in die Kamera. Schnitt. Nana kleidet sich an. Nana S. betritt mit einem Kunden das Zimmer. Schnitt. Die Tür wird geschlossen. Der Kunde legt Schal und Mantel ab. Schnitt. Blick auf die Nachttischlampe. Schnitt. Er kämmt sich. Schnitt. Der Kunde zieht sich sein Hemd über den Kopf. Schnitt. Die Füße von Nana S. Sie ist eben in ihre Schuhe geschlüpft. Sie schließt zuerst den schmalen Riemen des linken, dann des rechten Schuhs. Schnitt. Sie kämmt sich. Schnitt. Sie betritt mit einem Kunden den Lift. Schnitt. Die Tür des Hotelzimmers wird von innen verschlossen. Schnitt. Die Hand eines Kunden reicht das Geld. Sie greift danach. Schnitt. Sie schließt den letzten Knopf ihrer Weste. Schnitt. Sie zieht den Vorhang eines Fensters zu. Schnitt. Sie wäscht ihre Hände. Schnitt. Sie schminkt sich ihre Lippen. Schnitt. Ein Zimmermädchen bringt frische Handtücher. Und so weiter.

ERFAHRUNGSVERLUST

„Auf einer Rasenböschung sitzend, mit der sie die Spitze einer pyramidenförmigen Komposition bildete, gab eine nackte Frau ihrem Kind die Brust. Unter und vor ihr kauerte zur Linken ein Mann, den nackten Rücken dem Beschauer zugewandt, und zur Rechten stand in der entsprechenden Haltung ein kleiner Knabe. Der kauernde Mann spielte mit zwei kleinen Leopardenjungen, die, ein wenig tiefer als die Füße der sitzenden Mutter, die Mitte des Bildes einnahmen; der kleine Knabe sah zu. Dicht hinter der Frau, und fast den ganzen obern Teil des Bildes ausfüllend, stand eine wiederkäuende Kuh, den Kopf ein wenig abgewandt. Kopf und Schultern der Frau hoben sich hell von der graubraunen Flanke ab."[1]
Aldous Huxley setzt diesem von ihm beschriebenen Idyll ein Bild der industrialisierten Welt entgegen. Nun lehnt eine mit einem Gummimantel gekleidete Frau an einer riesigen Fleischextraktflasche und füttert den Säugling mit Nestlé. Statt Gras Asphalt. Der Mann, er trägt einen Anzug von der Stange, ist mit einem Radioapparat beschäftigt. Und der Junge, mit einem Gesicht voller Pickel und rachitischen Beinen, sieht dem aufmerksam zu. Diese Menschen nähren und kleiden sich mit Dingen, um deren Herstellung sie nicht wissen. Ob Fleischextrakt oder künstliche Kindermilch, wir haben es mit Konsumgütern zu tun, die zwar auf Rind und Kuh verweisen, aber jeder Erfahrungszusammenhang ist verschüttet. Nicht zufällig fügt sich die Kuh in Huxleys Idyll. Mag sie auch abgewandt stehen, sich der „menschlichen Szene nicht bewußt" sein, so steht sie doch „auf eine glückliche Art in Verbindung [...] mit den Menschen, auf eine milchige, graskauende, rinderhafte Art. Und die Menschen sind mit ihr in Verbindung."

Wo immer Güter industriell produziert werden, haben wir es mit Massen, mit Stückzahlen, Wiederholungen ein und desselben zu tun. Trotz aller Verpackung sowie anders lautender Versprechen haftet den so hergestellten Waren eine Entwertung an, etwas bereits Verdorbenes, etwas, das schon den Keim des Abfalls in sich trägt. „Konsumgesellschaft" und „Wegwerfgesellschaft", Schlagworte aus den sechziger Jahren des letzten Jahrhunderts, sind denn auch beliebig austauschbar. Huxley schreibt weiter, die Liebe zum Tod liege in der Luft, man atme sie ein und werde angesteckt, als sei man „unbedingt entschlossen, das Ende der Welt herbeizuführen – sie erst bis zu vollkommener Verrücktheit zu mechanisieren und dann bis zu glattem Mord."[2] Die ersten Abbildungen von Kühen, auf denen das Band zwischen Mensch und Tier zerrissen ist, fallen nicht zufällig in jene Zeit, in der einzelne mit der Züchtung von Rindern begannen. Die Züchter wollten das Ergebnis ihrer Bemühungen dokumentiert haben. Bei heutigen Kühen haben wir es tatsächlich mit industriell gefertigten Produkten zu tun. Wie sehr Kühe oder andere Tiere in die Nähe von technisch hergestellten Produkten geraten sind, das wird etwa dort offensichtlich, wo Tieridentifikationssysteme, „berührungslose Identsysteme", sich Technologien verdanken, die ursprünglich für die industrielle Produktion und Logistik entwickelt wurden und erstmals bei Containern oder anderen Transportbehältern zum Einsatz kamen. Oder man denke etwa an die Namen von Zuchtbullen. Um nur einige zu nennen: „Cognac", „Terminator", „Uran", „Dominator", „Cosmos", „Titanic", „Vulkos", „Goliath", „Email", „Jaguar", „Castor", „Jupiter", „Cashland", „Patriot", „Massacre". Oft genug lassen die Namen von Zuchtbullen an technische Produkte denken. „Jaguar" meint gleichermaßen eine Raubkatze wie eine Auto-

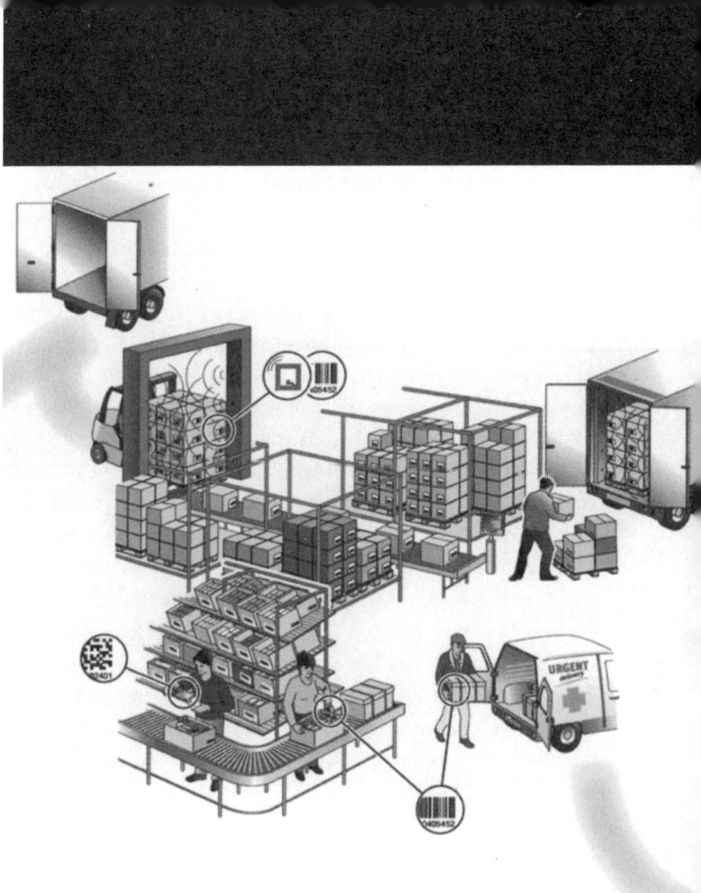

→ Ob Produktion, Logistik oder Tierhaltung, ob Etiketten, Implantate, Pansenboli, Ohrmarken, Chipcoins oder Chipkarten, die Technik ist überall dieselbe. Werbeeinschaltung des Unternehmens GS1Austria in *ÖKZ* 05/2007. Graphik: Laurent Baudchon.

marke, „Patriot" nennt sich ein Raketenabfangsystem. Im Gegensatz zu Zuchtbullen tragen Kühe zumeist noch herkömmliche Namen, aber letztlich kennen sie keinen Namen mehr, sondern nur noch Nummern. All ihre Namen sind längst codiert, Magda etwa als 13/031.[3] Heutige Rinder, in Zahlen definiert, werden von Rechenprogrammen bewirtschaftet. Mag das Rechenprogramm dabei auch dem einzelnen Tier gelten, so wird doch „vom Einzelwesen abstrahiert, denn es hat nur insofern Bedeutung, daß es als gesundes und kräftiges Mitglied des Ganzen diesem dienen soll."[4] Und was immer dabei als minderwertig definiert wird, wird ausgemustert, der Vernichtung preisgegeben, zu Schlachtvieh gemacht. Die heutigen Reproduktionstechnologien ermöglichen tatsächlich Serien identischer Rinder. Nun verschwindet das Lebendige in einem ständigen, maschinengesteuerten Sortierprogramm, welches alles Leben bestimmt und durchdringt. Die Tierseuchen der letzten Jahre haben nur zu gut gezeigt, wie schnell ganze dieser Serien aussortiert, also vernichtet werden, erweist sich nur eines als krank. Solche Tiertötungen lösen bei vielen Menschen immer noch ein gewisses Schaudern aus, aber sind Tiere einmal dem Funktionskreis der Maschinen überantwortet, dann ist dies nur konsequent.

Das von Huxley beschriebene Kuhidyll, welches den Titel „Stillende Mutter mit Kuh" tragen könnte, oszilliert zwischen dem strengen Bildaufbau eines Agnolo Bronzino (man denke an sein Gemälde *Luxuria*) und der Werbeästhetik des frühen zwanzigsten Jahrhunderts. Vor dem Beginn der Industrialisierung kennt die Kunstgeschichte zahlreiche Abbildungen, die das einstmalige wechselseitige Gefüge von Mensch und Rind belegen, Abbildungen von Kühen, die sich vor der Stalltüre drängen oder die aus dem Stall ausgetrieben

→ Pieter Bruegel d.Ä., *Die Heimkehr der Herde*, 1565, Kunsthistorisches Museum Wien.

werden. Pieter Bruegels *Die Heimkehr der Herde* (1565) ist diesbezüglich wohl als bekanntestes Gemälde zu nennen. Mensch und Tier sind hier, wenn auch auf sehr unterschiedliche Weise, aufeinander bezogen. Zumindest in diesem Augenblick bilden sie ein gemeinsames Ganzes, einen einzigen Körper, der trotz unterschiedlicher Bewegungen eine Bewegung, eine Richtung kennt. Ob Kühe oder Hirten, sie sind in gleicher Weise dem kalten Herbstwetter ausgesetzt. Auffallenderweise unterscheiden sie sich in der Farbgebung nur wenig. Der Mensch beherrscht die Natur weniger als er Teil von ihr ist. Stehen dann die Kühe in ihren Ställen, mag sich zwar das Gefüge auflösen, aber auch dann leben diese Hirten mit ihren Tieren.

Noch lange später lebten und schliefen kleine Bauern in Ställen, in unmittelbarer Nähe mit ihren Tieren, brachten Frauen (nicht nur in der Bibel) ihre Kinder in Ställen zur Welt, nur notdürftig von den Tieren abgegrenzt, zumindest Wand an Wand, so nah, dass sie nachts das Atmen und Wiederkäuen der Kühe hören konnten. Wer immer solche Erfahrungen kennt, weiß um das Beruhigende solcher Geräusche. All diese Kühe waren mehr als nur Nutztiere. Wie eng die Bindung von Mensch und Tier war, macht etwa deutlich, dass mancherorts ein Todesfall im Haus den Kühen angesagt werden musste. Man fürchtete, sie würden sonst keine Milch mehr geben.[5] Die enge Bindung kam auch in den Namen, die man ihnen gab, zum Ausdruck. Kleine Bauern kannten jenes Gefühl von Trauer, blieb ein Platz im Stall leer, wurde eine Kuh verkauft, stand der ganze Stall leer, hatte man das Vieh auf die Alm getrieben. Die kleinen Bauern konnte eine freudige Erregung überfallen, drängten sich abends Kühe vor der Stalltüre, sie waren ergriffen, liefen Kühe, und zwar ohne dass es eines einzigen Stockschlages bedurfte, am Tag des

→ Mögen die Tiere auch ein Leben in einer völlig technisierten Umgebung führen, in ihrer Werbung zitieren Hersteller immer noch das alte Verhältnis von Mensch und Rind. Wie an der Kleidung der jungen Frau unschwer zu erkennen ist, mit einer Bäuerin haben wir es nicht zu tun. Abb. aus einer Werbebroschüre der Maschinenfabrik Schauer, 2007.

Almabtriebes auf ihren Stall zu. Und diese Erregung teilten sie mit den Tieren. Dieses Verhältnis war jedoch stets ambivalent. Das domestizierte Tier durfte nicht zu sehr in die Nähe des Menschen rücken. Wie hätte man es sonst schlachten können? Gerade ihre Nähe zu den Tieren ließ die kleinen Bauern den Unterschied zwischen Mensch und Tier betonen. Darin liegt auch der entscheidende Grund für jenes Misstrauen, welches sie der Evolutionstheorie entgegen brachten. Wir denken, konservative Kleriker hätten den Bauern dieses Unbehagen eingetrichtert. Diese griffen nur mit gutem Gespür bäuerliche Ängste und Vorstellungen auf. Uns, die wir uns längst von den Tieren, von denen wir uns nähren, emanzipiert haben, fällt die Vorstellung nicht schwer, dass genetisch zwischen einem Menschen und einem Säugetier nur ein minimaler Unterschied besteht. Es fällt uns nicht schwer, Tieren Bewusstsein, Werkzeuggebrauch oder Sprachbegabung, Gefühle wie Trauer oder gar religiöse Empfindungen zuzugestehen, während unsere Gesellschaft nicht die geringste Scheu kennt, Kühe in Milch produzierende Automaten zu verwandeln.

In der industriell betriebenen Rinderhaltung ist das Band zwischen Mensch und Tier endgültig zerrissen. Die Kuh als Lebewesen (wie andere Tiere auch) droht endgültig zum bewirtschafteten Inventar einer technischen Apparatur zu verkommen. Noch lässt sich gelegentlich das frühere Verhältnis von Bauern zu ihren Kühen beobachten. Unlängst fotografierte ich auf einer Weide Kühe, die darauf warteten, in den Stall geholt zu werden. Es waren sehr schöne Kühe, alle behornt und ohne jede technische Aufrüstung. Nach einer halben Stunde kam ein älterer Bauer auf einem Fahrrad, laut nach seinen Kühen rufend. Die meisten der Kühe drängten sich vor dem Auslass der Weide. Als er den

Zaun öffnete, kam es zu einem Gedränge unter den Kühen, worauf der Bauer laut schimpfend nach einem dort bereit gelegten Stock griff und auf zwei der Kühe einschlug. Schon saß er wieder auf seinem Fahrrad und fuhr auf der geteerten Straße davon, ohne sich auch nur einmal umzublicken. Die Kühe trabten hinter ihm her. Nun fingen auch jene Kühe zu laufen an, die noch weit entfernt auf der Weide grasten. All diese Kühe liefen, um in den Stall zu kommen und dort angebunden zu werden. Angesichts der vielen Kühe aus Laufställen, die ich in den Tagen zuvor gesehen hatte, hatte ich hier seit langem wieder einmal das Gefühl, Kühe mit ausgeprägtem Herdenverhalten zu sehen, Kühe, nicht Großvieheinheiten. Tierschützer mögen die armen Kühe beklagen, auf die ein Bauer mit seinem Stock eindrischt, aber das Wechselspiel zwischen Bauern und ihren Kühen kennt eben manchmal auch Schläge. Kühe, dem Funktionskreis von Automaten überlassen, kennen keine Schläge mehr, aber sie existieren letztlich nur noch als Objekte der Ausbeutung und Verwertung. Dort ist Gewalt noch sichtbar, hier nicht mehr.

---

1 Aldous Huxley, *Kontrapunkt des Lebens*, München 1989 (1928), S. 356–357.

2 Ebd., S. 372.

3 Vgl. *Schlüsselverzeichnis für Kuhnamen*, hrsg. von Vereinigte Informationssysteme Tierhaltung, Verden.

4 Markus Schennach, *Mord-Natur und Paradies. Naturwissenschaft und Viehzucht als Methode zur Beherrschung von Tier und Mensch*, unveröffentl. Diplomarbeit, Universität Innsbruck 1996, S. 75.

5 Vgl. Hanns Bächtold-Stäubli (Hg.), *Handwörterbuch des deutschen Aberglaubens*, Berlin / New York 1986 (1932/33), Bd. V, S. 768–769.

ÜBER DIE KÖRPERLICHE ERZIEHUNG DER JUNGEN MÄDCHEN

Die von de Sade in seiner Episode *Sainte-Marie des Bois* beschriebene Enklave findet ihre Fortsetzung in Frank Wedekinds Erzählung *Mine-Haha oder Über die körperliche Erziehung der jungen Mädchen* (1901). Auch hier eine Mauer, ein hermetisch abgeschlossenes Gelände, unterirdische Gänge, eine groteske Ökonomie. Während die Mädchen bei de Sade um ihre Entführung wissen, ja wissen müssen, fehlt jenen im Park jede Erinnerung. Sie wissen nicht, ob sie geraubt, gekauft oder von ihrer Mutter in einer Klappe der Mauer hinterlegt wurden. Alle Vorstellungen von Mutter, Familie und Gesellschaft sind ihnen fremd. Und im Gegensatz zu de Sade dient der Park nicht der Libertinage. Und doch läuft das Leben der Mädchen einzig darauf hinaus, Lustobjekt zu sein, verbraucht und letztlich getötet zu werden.

Ein weitläufiges, von einer hohen Mauer umfasstes Gelände, dreißig aus rotem Backstein errichtete Häuser, jedes zwei Stockwerke hoch, mit wildem Wein bewachsen. In jedem dieser Häuser leben sieben Mädchen mit zwei hässlichen Alten. Gegessen und geschlafen wird im Erdgeschoß, die Übungen finden im oberen Stockwerk statt, in einem einzigen großen Zimmer mit breiten Fenstern. Diese Häuser liegen weit verstreut im Park. Jedes ist durch einen eigenen Weg mit dem weißen Haus verbunden, ein von hohen Eichen umgebenes einstöckiges, breites Gebäude. Jedes der Mädchen sucht dieses Haus wöchentlich einmal auf, um an den Übungsstunden der Gleichaltrigen teilzunehmen. Von hier führt ein unterirdischer Gang in das Theater, einem runden Bau ohne Fenster und Türen. Dieses wiederum, es liegt innerhalb des Parks, ist für Besucher aus der Außenwelt mit einer unterirdischen Bahn erreichbar. Es ist die Schnittstelle zwischen dem Park und der Außenwelt.

Die Mädchen erziehen sich selbst. Kaum sind sie fünf Jahre alt, übernehmen sie, selbst von größeren Mädchen betreut, tagsüber die Pflege von Säuglingen. Sie wickeln und füttern, bringen sie bei schönem Wetter in den Garten, an Regentagen in die hölzerne Halle. Später werden sie anderen Mädchen den Gebrauch ihrer Glieder lehren, so wie sie es selbst von größeren Mädchen gelernt haben. Aller Unterricht beschränkt sich auf die Beherrschung des Körpers. Zu kindlichem Spiel und Ernst fügt sich die feine Rute, die die Fußspitzen trifft, setzt eines der Mädchen mit hochgerafftem Kleid ein Bein nicht richtig vor das andere, oder tritt es auf, ohne dass der Fußrücken mit dem Schienbein eine gerade Linie gebildet hätte.

Es bedarf subtiler Drohungen und Verbote, diese sind verkörpert und buchstäblich zu Fleisch geworden in den hässlichen alten Frauen, die morgens die Betten machen, das Haus rein halten, kochen und waschen oder bei Tisch bedienen, auf Präsentiertellern kleine Fleischstückchen auftragen. Wer immer versuchte, die Mauer zu übersteigen oder sich einem noch so kindlichen erotischen Begehren hinzugeben, würde ebenso mit Hässlichkeit bestraft. Dass es sich um Gerüchte handelt, die unter den Mädchen kursieren, macht solche Verbote nur noch wirksamer. Hidalla, die Ich-Erzählerin, glaubt sich denn auch ertappt, als sie sich nachts in das Bett eines ihr anvertrauten Mädchens legen möchte. Plötzlich klopft es von außen dreimal gegen die Scheiben. Hat tatsächlich jemand geklopft oder glaubt sie nur, ein Klopfen gehört zu haben? Ständig sind die Mädchen damit beschäftigt, die Gesetze des Parks, die ihnen niemand erklärt, zu deuten. Warum bleibt plötzlich eines der Betten leer? Warum zeigen sich die älteren Mädchen

nicht mehr nackt? Warum tragen sie auch nachts ein Hemd? Warum ist eines der Mädchen verschwunden? Was geschieht im Theater? Was ist das für eine Welt außerhalb der Mauer? Tragen die Menschen dort Schuhe? Was wird mit uns geschehen?
Die Frage nach der Außenwelt wie nach der Zukunft bleibt unbeantwortet. Sie verdichtet sich im Theater, in dem die Mädchen abends auftreten und tanzen. Aber selbst jenen Mädchen, die im Theater auftreten, fehlt jede Vorstellung von der Bedeutung des Theaters wie ihrer Auftritte. Die Mädchen, die ihren Körper den Zuschauern darbieten, wissen nicht, was er für das im Dunkeln johlende Publikum darzustellen hat. Werden die Mädchen, kommen sie in das entsprechende Alter, andeutungsvoll auf ihre erste Regel vorbereitet, so schneiden sie auf ihren Knien ein Stück Leinen zurecht, nähen es nach einer Vorlage zusammen, mit einem Durchzug zum Zubinden und um jedes Bein eine handbreite Spitze. Die Vorlage bezieht sich dabei nicht nur auf die sogenannte Binde aus Leinen, es verweist auch darauf, dass es die Funktion der Mädchen ist, Vorlage zu sein, dass ihre Körper im Theater den Blicken eines voyeuristischen Publikums vorgelegt werden. Unerwähnt bleibt, dass das Körpergeschehen gleichbedeutend ist mit der Auslieferung der Mädchen an die Außenwelt. Die Menstruation als zyklisches Geschehen. Zyklisch stößt auch der Park geschlechtsreif gewordene Mädchen aus, dreißig in einem Jahr.
Die Regeln des Parks werden in die Körper der Mädchen eingeschrieben. Dabei gilt den Hüften die größte Aufmerksamkeit. Sie sind gespannt zu halten, dürfen nicht einknicken. Beim Gehen dürfen die Mädchen keinen Boden mehr unter den Füßen fühlen, die Beine überhaupt nicht mehr spüren, sie dürfen nur noch fühlen, dass sie Hüften haben. Die Hüften, Mittelpunkt des

Körpers, müssen bei aller Bewegung unbeweglich und ruhig bleiben. Die Mädchen sollen Hüften sein, selbst mit den Hüften denken. Dass alle Anstrengungen des Parks darauf hinauslaufen, ihre Körper zu algebraischen und erotischen Zeichen zu formen, diese der Lektüre anderer preiszugeben, wissen sie nicht. Sie ahnen es im Theater, vermögen es aber nicht zu begreifen.
In den Park gelangen Säuglinge und Mädchen, Nahrung, Kleidung, Seife wie anderes. Die Mädchen entsteigen nackt einer Kiste mit angegebener Adresse: „Dann wurde die Kiste aufrecht hingestellt und aufgeschlossen. Ich trat heraus. ... Man nahm mich bei der Hand, drehte mich einige Male herum, besah mich von allen Seiten und führte mich zu einem der weißen Betten, die im Zimmer standen."[1] Die Kiste bezeichnet den weiblichen Körper. Das Öffnen des Deckels hat jedoch weniger mit einer Geburt als mit der Entnahme einer Ware, besser eines Rohprodukts zu tun. Mögen sie blonde oder dunkle Haare haben, dick oder feingliedrig sein, all diese Merkmale verweisen weniger auf Individuelles als auf Allgemeines. Sie werden betrachtet wie Rohstoffe unter anderen Rohstoffen, die es in einer besonderen Weise zu bearbeiten gilt, und zwar von Mädchen, die in gleicher Weise als Rohstoff abgeliefert worden sind. Nackt werden die Mädchen in den Park eingeführt, nackt, also verletzlich sind sie auch, treten sie im Theater auf, werden sie es sein, gelangen sie durch unterirdische Gänge in die Außenwelt, umdrängt von zahllosen Blicken in den Straßen und um das Bassin des Kapitols, am „Ort der endgültigen Aufopferung, die Schritt ins Leben genannt wird – und dessen Ende anzeigt"[2]. Ob Kisten oder unterirdische Gänge, immer treten die Mädchen aus der Dunkelheit ans Licht. Die sargähnlichen Kisten, denen die Mädchen entsteigen, nehmen bereits ihren Tod vorweg.

Und ist auch nicht ein einziger Regentag in Erinnerung, nur Sonnenschein, der durch dichte grüne Blätter fällt, so liegt über dem Park doch ein bleierner Ernst, mehr noch, eine alles bestimmende Mechanik. Die Mädchen beschäftigen sich mit den Säuglingen nicht anders als es die älteren Kinder, die schon lange nicht mehr da sind, mit ihnen gemacht haben. Verschwindet eines der Mädchen, dann tritt ein anderes an seine Stelle. Im Schlafzimmer rückt jedes um ein Bett hinauf und den Tischvorsitz führt das nun älteste Mädchen. Verlassen geschlechtsreife Mädchen den Park, so wird der Abgang an anderer Stelle wieder aufgefüllt. Trotz seines Versprechens der freien Bewegung, endloser Perspektivenwechsel, ist der Park eine einzige Maschinerie, in der eine Bewegung eine andere zur Folge hat, in der zahllose Bewegungen ineinander greifen. Die Mädchen scheinen ohne Zwang aufzuwachsen, dabei sind sie Gegenstand und Produkt einer wohl kalkulierten Machination. Es ist ein nahezu geschlossenes, sich selbst reproduzierendes System. Die Kosten des Parks werden aus den Erträgen des Theaters bestritten.
Alle Mädchen sind austauschbar. Mögen sie noch so verschieden sein, so sind doch alle gleich gekleidet, alle tragen offenes Haar, gelbe Schuhe, weiße Strümpfe, weiße Röckchen bis zum Knie und hellgrüne Strumpfbänder. Eines der Mädchen denkt und fühlt wie das andere, und noch ehe eines von ihnen zu sprechen beginnt, wissen die anderen, was es sagen wird. Alle Identität verdankt sich körperlichen Unterschieden: „Wenn eine ‚Ich' sagte, so meinte sie sich immer ganz damit, vom Scheitel bis zur Fußspitze. Wir fühlten unser Selbst in den Beinen und Füßen beinahe noch mehr als in den Augen und Fingern. Von keinem der Mädchen ist mir im Gedächtnis geblieben, wie sie sprach. Ich weiß von jeder nur noch, wie sie ging."[3] Zeichen meinen

→ Die Mädchen spielen „Bäumchen wechsel dich“. Ähnlich wie die jungen Baumstämme, die sie umfassen oder zwischen denen sie hin und her laufen, sind auch sie noch ungeformt und verletzlich. Max Liebermann, *Spielende Kinder*, 1882. Privatbesitz.

Differenz, nicht aber Identität. Die Lektüre von Zeichen setzt Wiederholung voraus, kann nur gelingen, wenn sie bereits bekannt sind. Da es Funktion der Mädchen ist, selbst Zeichen zu sein, bleiben ihnen Zeichen im eigentlichen Sinn fremd. So starren sie denn auch, sind sie zum erstenmal in der Außenwelt, die Plakate mit ihren großen Buchstaben an, deren Zweck sie nicht begreifen. Die Mädchen, zwar einer höchst subtilen Kontrolle unterworfen, wachsen ähnlich wie Tiere auf. Sie schämen sich ihrer nackten Körper nicht. Sie erröten zum ersten Mal nicht zufällig dann, haben sie sich vor den zwei Damen, von denen sie begutachtet werden, zu entkleiden: sie werden von allen Seiten betrachtet, ihre Muskeln und Weichen, Hände und Füße werden betastet, ihre Zähne, Haare, Augen und Fingernägel untersucht. Die beiden Damen treffen ihre Auswahl als hätten sie es mit Vieh zu tun.
Die Mädchen sind sich selbst überlassen. So als sei Unschuld (das ist das eigentliche Produkt des Parks) nur dort möglich, wo es keine Erwachsenen, keine Kultur, keine Technik, keine Schrift, keine Erinnerung gäbe. Sie sind unschuldig wie Tiere oder Wilde. Wie diesen ist den Mädchen Zeit im Sinne von Vergangenheit und Zukunft fremd, mögen sie sich auch Gedanken machen, was mit ihnen geschieht, sollten sie älter werden. Die nie genannten Gesetze des Parks kennen keine Entwicklung, nur einen stets gleichbleibenden Ablauf. In der kalten Kultur des Parks kann es keinen Fortschritt, keine Entwicklung geben, nur Wiederholung. Blindlings tanzten die Mädchen allabendlich ihre Rollen durch, ohne Vorstellung von dem, was sie spielen. Geradezu mechanisch werden Mädchen durch andere ersetzt. Deshalb kann es auch keine wirkliche Vorstellung vom Tod geben. Ertrinkt ein Mädchen, dann gibt es einzig ein Erschrecken angesichts des leblosen Körpers, des

aufgeschwollenen Kopfes oder blutig gerissener Wangen. Schon am nächsten Tag ist der leblose Körper entfernt. Die Außenwelt dagegen weiß um den Tod, kennt Fortschritt. Ginge es nach den Mädchen, so würden sie den „Mückenprinz" endlos aufführen, aber nur zu rasch werden die Besucher des Theaters seiner überdrüssig. Die Mädchen im Park müssen nackt tollen. Wie in den Völkerschauen der Zeit ist der Park ein großes Perspektiv gesellschaftlicher Projektionen, nur, hier wird Unschuld, werden Projektionsflächen in einem nahezu selbsttätigen Prozess hergestellt. Die Mädchen scheinen nur sich selbst überlassen. Tatsächlich werden sie für Zwecke, die ihnen gänzlich fremd sind, auf höchst subtile Weise zugerichtet. Die Mädchen müssen unberührt, unwissend sein. Sie müssen, entstanden aus dem Nichts, sich in langen Exerzitien mit größtem Ernst selbst geschaffen haben, um der Heiterkeit zu dienen. Anders als die Wilden in den Völkerschauen sind sie das, was sie zeigen, während jene die in den Projektionen des Publikums vorgeschriebenen Rollen nur spielen. Wedekind spielt Jahre später in seinem Schauspiel *Karl Hetmann, der Zwergriese* (1911) noch einmal darauf an. Hetmann, ein fanatischer Volksredner, scheitert in seinem Versuch, die Züchtung schöner Rassemenschen gesellschaftlich zu etablieren. Betrogen und von allen verachtet, will ihn ein Zirkusdirektor für die Rolle des „dummen August" engagieren, würde doch allein Hetmanns Zusammenzucken, als sei er von einem elektrischen Schlag getroffen, jeden Abend einen tosenden Applaus sichern. Hetmann, der Lächerlichkeit preisgegeben, erhängt sich. Sein nachgelassenes Manuskript trägt den Titel „Hidalla oder Die Moral der Schönheit." Die Mädchen, die im Theater auftreten, sind aufs grellste beleuchtet, sehen aber jene nicht, von denen sie betrachtet werden, während fürchterliches Getrampel

im Zuschauerraum wie das Getöse vieler hundert Stimmen sie ängstigt. Wird Filissa von Simba auf der Bühne blutig gepeitscht, dann verlangt dies nicht das Stück, sondern das Publikum, welches bereits jauchzt, noch ehe die Szene begonnen hat. Die kindlichen Darstellerinnen haben sich nicht auf die Rampe oder die Treppen zu legen, weil sie in einer Szene gerade nicht auftreten, sondern deshalb, weil das Publikum ihre nackten Oberkörper und Waden sehen will. Beifallsgeheul und Schreie geben Auskunft über die Lektüre ihrer Körper durch das Publikum. So erfahren sie, dass das „Zubettgehen zu Zweien“ verboten ist. Das Theater erweist sich als Ort endloser Vergewaltigung, sei es durch den Mückenprinz, der Mädchen mit armlangen Stecknadeln aufspießt („Aretusa schlug eine Weile mit den Flügeln, zappelte mit den Beinen, dann verdrehte sie die Augen und starb“), und durch das Publikum, welches sich daran ergötzt. All dies nimmt bereits jene Vergewaltigung vorweg, jene „ungeheuerlichen Überraschungen“, die das Aussetzen der hilflosen Mädchen zur Folge hat, das Volksfest, welches die Mädchen binnen weniger Tage „zu völlig anderen Geschöpfen“ umgestaltet.
Die Ich-Erzählerin stürzt sich aus dem Fenster – die Erzählung bleibt Fragment, wohl nicht zuletzt deshalb, weil das Modell, würde es konsequent weitergedacht, in der Wirklichkeit nicht gelingen kann. Da fänden sich Mädchen, die mit der Peitsche zu hart zuschlügen, andere, die sähen, dass in den ihnen anvertrauten Mädchen andere Begabungen stecken als nur die Zehenspitzen richtig aufzusetzen. Und selbst unter dem johlenden Publikum des Theaters könnten sich manche finden, die diese Mädchen anders betrachten würden. Wedekinds Erzählung fügt sich nicht allein als Herrschaftsmodell in den Text. Bezugnehmend auf Huxley, für den sich im industriell produzierten Fleischextrakt

das Bild einer Gesellschaft, die das Lebendige nicht mehr zu begreifen vermag, verdichtete, möge nicht unerwähnt bleiben, dass Wedekind ein Jahr als Werbetexter für Maggi arbeitete. Eines seiner damals entstandenen Gedichte: „Was dem Einen fehlt, das findet / In dem Andern sich bereit; / Wo sich Mann und Weib verbindet, / Keimen Glück und Seligkeit. / Alles Wohl beruht auf Paarung, / Wo dem Leben Poesie / Fehle Maggi's Suppen-Nahrung / Maggi's Speise-Würze nie!" Die Mädchen seiner Erzählung sind als Fleischextrakt zu denken, als Suppenwürfel. Ihre ganze (Selbst-)Erziehung dient der Herstellung eines Fleischkonzentrats. Kazuo Ishiguro sollte Wedekinds Erzählung in seinem Roman *Alles, was wir geben mussten* (2005) erneut aufgreifen. Auch hier ein hermetisch abgegrenztes Gehege, eine Parklandschaft, die dazu dient, Kinder und Jugendliche, auch sie sind geschichtslos, für Bedürfnisse der Außenwelt heranzuziehen. In Ishiguros Roman geht es nicht mehr um die Lektüre von Körpern, es geht um die Körper selbst. Die Kinder, allesamt Klone, sollen als junge Erwachsene als Organspender zur Verfügung stehen. Und trotz aller Konflikte fügen sie sich in das ihnen zugedachte Schicksal. Sie betreuen Freunde nach Organentnahmen, und dies im Wissen, selbst bald als Organspender Verwendung zu finden, von anderen betreut zu werden, die dann ihrerseits nach wenigen Organentnahmen tot sein werden. Auch hier haben wir es mit Fleischproduktion zu tun, mag dieses auch auf andere Weise konsumiert werden.

---

1 Frank Wedekind, „Mine-Haha oder Über die körperliche Erziehung der jungen Mädchen"; in: Claudia Gehrke (Hg.), *Ich habe einen Körper*, München 1981, S. 170.

2 Roberto Calasso, „Déesses Entretenues"; in: Claudia Gehrke (Hg.), *Ich habe einen Körper*, München 1981, S. 222.

3 Frank Wedekind, a.a.O., S. 186.

Wo immer in der Literaturgeschichte von Kühen erzählt wird, ist auch von Menschen die Rede, vom Wechselspiel zwischen Mensch und Tier. Dies gilt auch für Noëlle Revaz' Roman *Von wegen den Tieren* (2002). 300 Seiten lang monologisiert hier ein Bauer über seine täglichen Erfahrungen, über den Saisonarbeiter Georges, über seine Frau, die er Vulva nennt, über seine Kinder und immer wieder über seine Kühe. Die erschreckende Liebesunfähigkeit Pauls, so der Name des Bauern, seiner Frau und seinen Kindern gegenüber, kontrastiert mit der emotionalen Nähe zu seinen Kühen. Während er seine Frau mit ihrem Geschlecht bezeichnet, tragen die Kühe Mädchen- oder Frauennamen. Die Verachtung gegenüber seiner Frau steht in einem unversöhnlichen Gegensatz zu jener Zärtlichkeit und Sorge, die er seinen Kühen entgegenbringt: „An den Abenden, wo der große Wind weht, müssen die Planen auf dem Heu kontrolliert werden, bevor sie davonfliegen, und einer muss die Runde machen bei den Fenstern vor den Ställen und Schuppen und zusehen, dass nichts herumliegt, das herunterfallen und zu Bruch und Schaden führen könnte für den Hof. Die Tiere müssen beruhigt werden, weil sie aufhören zu verdauen in den Boxen, wenn sie hören, wie der Wind heult, der sie unruhig macht und sie bedroht. ‚Keine Angst, meine Mädchen', sage ich ihnen auf dem sanften Kanal, ‚das ist nur der Wind da draußen, der kommt nicht hier herein und rüttelt euch nicht am Kopf. Hier beschützt euch der Paul.' Ich streiche ihnen mit der Hand übers Kreuz und schon fangen sie wieder an, mit den Mäulern zu mahlen und Heu nachzugreifen. Weil es gibt kaum meinesgleichen, um sie so in Vertrauen zu wiegen. Hundert Mal schon habe ich es ausprobiert und hundert Mal schon musste

→ Giovanni Segantini, *Kuh,* 1886–1887. Privatsammlung.

ich feststellen, wie sehr ich sie in der Hand habe: Instinktiv weiß ich, wo ich sie berühren muss, um sie zu beruhigen, und wie man ihnen wohltut, und instinktiv habe ich das richtige Wort. [...] Wenn sie so allein auf dem Feld stehen, ist es eine Augenweide, sie in vollen Zügen an der frischen Bläue zu beschauen, wie sie am Fell die Helligkeit vom Himmel aufnehmen gerade so, wie es ihnen die Natur von Anfang an gegeben hat: ohne Leine, ohne das Seil, das am Hals hängt, sondern frei an der Luft, und wenn ihnen danach ist, den Schlenkertrott reinzuhängen oder aber ungebunden hinter dem Baum zu schauen, ob es da fetter sprießt fürs Gebiss, und weit weg von den Absperrungen und Sorgen, dass sie überhaupt nicht daran denken und fröhlich sind wie Eva anno dort einmal."[1]

Auch wenn Literatur nicht mit der „Wirklichkeit" gleichzusetzen ist, Noëlle Revaz in ihrem Roman das Klischee vom stammelnden und groben Bauern zu bestätigen scheint, so ist die enge Bindung der kleinen Bauern zu ihren Kühen nicht zu leugnen. Die Bauern zeigten weniger sich selbst als ihre Kühe. Auf Versteigerungen, Viehmärkten oder Prämierungsveranstaltungen wurden sie wie Bräute vorgeführt. Wurde bei einem Verkauf ein guter Preis erzielt, mochte sich der Einzelne zwar freuen, in die Freude mischte sich aber auch ein Gefühl von Trauer. Emotional besetzt waren besonders jene Kühe, die die Bauern selbst aufgezogen, durch Auswahl oder Zuwendungen zu einer schönen, zu einer guten Kuh gemacht hatten. Auf wohl geformte Hörner waren sie besonders stolz. Die Hörner sollten nicht zu kurz sein, in einem eleganten Bogen nach oben führen, spitz zulaufen und vor allem eine klare Symmetrie aufweisen. Mit Hilfe von Hornhaltern wurde versucht, ihnen die richtige Form zu geben. Eine Geschichte aus dem neunzehnten Jahrhundert handelt von einem

→ Stolz stellt sich der Bauer Josef Edenhauser mit seiner Kuh „Kersch" dem Fotografen. Eigens aus diesem Grund hat er sie aus dem Stall geholt. Kersch ist 19 Jahre alt, 15 mal hat sie gekalbt, die 100.000 Liter-Marke überschritten. Die beiden kennen sich gut, haben sich aneinander gewöhnt. Josef Edenhauser: „Kersch kann alles dosieren. Sie weiß auf der Alm genau, wann sie wieder im Stall sein muss. Sie läuft nicht so wie andere herum. Sie weiß hauszuhalten mit ihren Kräften. Man sieht ihr das Alter nicht an. Eine jüngere, üppigere tut oft nicht so gut. Kersch ist eine Erfahrene." Foto: Anton Kiefer, St. Johann 1999.

Tiroler Wirt, der eine hornlose Kuh, ein Zufallsprodukt der Natur, besaß: „Das herangewachsene Thier wurde von gehörnten Stieren belegt und brachte theils gehörnte, theils ungehörnte Junge zur Welt. Der Wirth erzog die ungehörnten und so gelangte man endlich zu einem kleinen Stand, der 15–20 Stücke wohl schwerlich je überschritten haben dürfte, weil diese ungewöhnliche Eigenschaft wenig Liebhaber findet."[2] Eine Kuh ohne Hörner? Zumindest im Alpenraum konnte dies früher einmal keine richtige Kuh sein.
Trotz aller Verliebtheit junger Burschen, die wirkliche und oft lebenslang anhaltende Leidenschaft galt nicht den Frauen. Sie galt den Kühen. Ihnen gegenüber konnten sie wirklich zärtliche Gefühle hegen. All dies verdankte sich nicht zuletzt auch dem Wesen des Rindes, der Anhänglichkeit, zu der Kühe fähig sind, der Fähigkeit sowohl der Kühe wie der Bauern, sich wechselseitig einzurichten, sich in ein Anhängigkeitsverhältnis zu begeben. Mit sentimentaler Tierliebe hatte das alles nichts zu tun. Uns mag es als Widerspruch erscheinen, aber die Bauern schlachteten und aßen die von ihnen so besetzten Tiere. Freilich aßen die kleinen Bauern selten Rindfleisch. Stierkälber, die sich nicht zur Zucht eigneten, wurden wie Kühe, die nicht mehr aufnahmen oder deren Milchleistung nachließ, zumeist an einen Metzger verkauft. Eine der wenigen Möglichkeiten der Bargeldeinnahme. Aßen sie Fleisch, dann zumeist das von Schweinen. Rindfleisch gab es nur dann, musste eine Kuh oder ein Stier notgeschlachtet werden.
Am Ende von Noëlle Revaz' Roman bricht im Stall eine Seuche aus, das Vieh wird zur Tötung abtransportiert. Paul: „Die Fleur ist mir die liebste, es stimmt nicht, dass es der Stockfisch ist, die Fleur habe ich vor allen andern gern, und jetzt, wo sie zittert und sich verschreckt, kann ich schon sagen, wie nahe ich mich fühle, man

spürt die Welle an Zärtlichkeit, und die Zuneigung lässt mich sie am Hals berühren und ganz leise flüstern: ‚He, komm her, meine ganz Süße' und ich strecke ihr die Hand hin, als der Tierarzt mich bremst, während er auf seiner Tasche die Aufstellung macht: Ich solle vorsichtig sein, sagt er, wegen der Ansteckung. Bei ihm sei es normal, dass er sich exponiere, erklärt er danach von wegen meinem Einwand, dass wenn er abtastet, warum nicht auch der Meister, er mache es von Berufs wegen und perfekt und er seife sich recht lange ein danach, aber wenn ich berühre und dadurch alle anderen umfallen würden, sei das zu viel Risiko."[3]

Da fällt mir ein Bergbauer ein, dessen Kühe nach einer BSE-Diagnose „gekeult", also vernichtet wurden. Für ihn brach eine Welt zusammen. Dabei war kein wirtschaftlicher Verlust zu beklagen. Den Hof übergab er seinem Sohn. Dieser konnte sich mit Mitteln aus diversen Seuchenfonds „neue" Kühe kaufen, Kühe mit einer wesentlich höheren Milchleistung. Der Alte blieb fortan dem Stall fern und meinte, das seien keine Kühe mehr. In seiner Vorstellung hatte er damit recht. Die Kühe der kleinen Bauern kannten eine Geschichte. Mochte man auch eine Kuh schlachten, so stand doch zumeist ein Kalb im Stall, in dem diese fortlebte. Eine zertifizierte Herkunfts- und Leistungsbescheinigung ist nicht mit Geschichte zu verwechseln.

---

1 Noëlle Revaz, *Von wegen den Tieren*, Basel / Weil am Rhein und Wien 2004, S. 115–116, 207.

2 Adolf Trientl, *Bote für Tirol und Vorarlberg*, 21.7.1876.

3 Noëlle Revaz, a.a.O., S. 299.

EINFÜGUNGEN IN BEWEGUNGSABLÄUFE

Tiere wie Menschen führen ein Eigenleben; sie haben ihren Eigensinn, der ihre Einfügung in einen vorgegebenen Arbeitsablauf erschwert oder verhindert. Um sie mit geringstmöglichem Reibungsverlust in einen mechanisierten Bewegungsablauf einzufügen, bedarf es elementarer Bedürfnisse und stabiler Verhaltensmuster. Aber es bedarf auch räumlicher Anordnungen. Betrachten wir einmal eine gynäkologische Ambulanz. Der Wartebereich ist mit dem jeweiligen Untersuchungsraum durch zwei nebeneinanderliegende Umkleidekabinen verbunden. Diese Kabinen sind als Schleusen zu verstehen, als eine Art Ventilsystem. Die Patientinnen werden entsprechend der Reihenfolge ihrer Anmeldung einzeln aufgefordert, eine eben frei gewordene Kabine zu betreten. Folgt eine Patientin dieser Aufforderung, so weiß sie in der Regel wie sie sich zu verhalten hat. Hat sie die Kabine betreten, wird sie die Tür von innen verschließen und warten. Die Einrichtung des engen und fensterlosen Raumes liest sich wie eine Gebrauchsanweisung. Sitzbank, Kleiderbügel sind ebenso beredt wie die Haken oder der kleine Spiegel an der Kabinenwand. Hat jene Patientin, die während dieser Wartezeit untersucht wurde, den Untersuchungsraum durch die daneben liegende Kabine verlassen, öffnet sich die Kabinentür. Die wartende Patientin wird in den Untersuchungsraum gebeten. Hat die vorhergehende Patientin sich angekleidet und die Kabine verlassen, wird die nächste Patientin aufgefordert, diese Kabine zu betreten. Wechselseitig füllen und leeren sich die Kabinen ähnlich den Kammern des Herzens, von denen die eine nur voll sein kann, wenn die andere entleert ist, wenn die eine sich leert, während sich die andere füllt (ähnlich der Funktionsweise einer Melkmaschine).

Der Vorgang ist in einem hohen Maß mechanisiert. Verschiedene Bewegungsabläufe sind miteinander verzahnt. Die Bewegungssteuerung bedient sich einfachster Einrichtungen. Die äußere Tür kann nur durch die eintretende Patientin von innen abgesperrt werden, die Tür zum Untersuchungsraum lässt sich nur von einem Arzt, einer Ärztin oder Assistentin öffnen. Dank solcher Anordnungen lassen sich unnötige Zeitverzögerungen im Arbeitsablauf vermeiden. Die Patientinnen in der Umkleidekabine befinden sich in einer Warteposition, sie werden vorrätig gehalten.
In Ambulanzen gilt es, eine amorphe Ansammlung von Menschen mit unterschiedlichsten Beschwerden, Ängsten und Dringlichkeiten in eine Serie von einzelnen, abarbeitbaren Individuen aufzulösen. Bei hoher Personenfrequenz kann dies mit Hilfe eines Nummernautomaten geschehen. Dieser legt die Reihenfolge fest, unterwirft die Dauer des Wartens einem scheinbar objektiven Verfahren. So lässt sich ohne jede Warteschlange eine Abfolge, eine Serie organisieren. Patienten sind in der Regel erstaunlich geduldig und diszipliniert. Dies verdankt sich entscheidend symbolischen Angeboten. Ansammlungen von Tieren lassen sich, mangelt es ihnen doch an Selbstdisziplin, nicht so leicht in eine Abfolge von Einzelindividuen auflösen, wenngleich man erstaunt sein kann über die Fügsamkeit, mit der Kühe vor Melkständen warten. Ein rotierendes Treibgatter ist eine der Möglichkeiten, dies zu gewährleisten: „Da die Kühe einzeln die Plattform betreten, ergibt sich ein sehr fließender und ruhiger Melkablauf. Der kontinuierliche, arbeitsneutrale Zutrieb der Tiere zum Melkkarussell ist unbedingt erforderlich, um die Routinearbeiten einzuschränken und den Durchsatz zu erhöhen. Das kann in idealer Weise durch einen runden Vorwarteraum mit rotierendem Treibegatter

erreicht werden."[1] Die heutige Medizin kennt wie die moderne Rinderhaltung zahlreiche Vorwarte- und Wartebereiche, etwa die erwähnten Umkleidekabinen. Es widerstrebt mir in diesem Buch die NS-Zeit zu tangieren, und dies nicht zuletzt deshalb, weil sich unter heutigen Tierschützern genügend finden, die von „Tier-KZs" oder ähnlichem sprechen. Nicht das Leid lässt sich vergleichen. Vergleichen lässt sich einzig die Logistik, die Organisation von Bewegungsabläufen. Es widerstrebt mir auch, bemühe ich doch wiederholt Gedankenspiele der Literatur, die oft genug eine ironische Brechung kennen. Wenn ich es dennoch tue, dann deshalb, weil sich unter den Logistikern der bürokratisch geplanten und industriell organisierten Vernichtungslager der NS-Zeit manche finden, die wussten, dass es kostengünstiger und effizienter ist, fügen sich die Opfer aus eigenem Antrieb in vorgegebene Abläufe. Simulierte Bahnhöfe versprachen Zukunft, tatsächlich handelte es sich um Endstationen. Duschräume, die vorgeben, der Reinigung zu dienen, erwiesen sich als tödliche Fallen. Wie hätten Opfer, die in einem Vernichtungslager ankamen, verstehen können, dass es sich um das Ende der „Reise" handelte, befanden sie sich doch auf einem Bahnhof. Und da gab es selbst Uhren, so als dürfte man den Anschlusszug nicht versäumen.
Viktor Brack beschäftigte sich mit der Frage, wie sich die Zwangssterilisation möglichst effizient durchführen ließe. Die Sterilisation sollte mittels Röntgenbestrahlung geschehen: „Ein Weg der praktischen Durchführung wäre z.B., die abzufertigenden Personen vor einen Schalter treten zu lassen, an dem sie Fragen gestellt erhalten oder Formulare auszufüllen haben, was ungefähr 2–3 Minuten aufhalten soll. Der Beamte, der hinter dem Schalter sitzt, kann die Apparatur bedienen, und zwar dergestalt, daß er einen Schalter

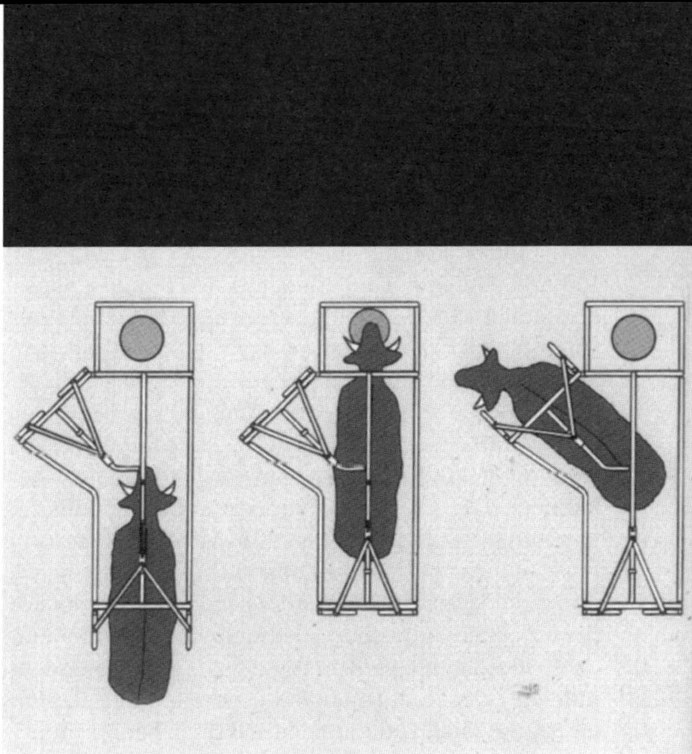

→ Das Abdrängen von Tieren bei der Kraftfutteraufnahme gehört der Vergangenheit an. Abb. aus einer Werbebroschüre der Maschinenfabrik Schauer.

bedient, mit dem gleichzeitig beide Röhren (da ja die Bestrahlung gleichzeitig von beiden Seiten erfolgen muß) in Tätigkeit gesetzt werden. In einer Anlage mit zwei Röhren könnten also demgemäß pro Tag etwa 150–200 Personen sterilisiert werden, mit 20 Anlagen also bereits 3.000–4.000 pro Tag. Eine höhere Anzahl von Verschickungen kommt meiner Schätzung nach sowieso nicht in Frage."[2] Es folgen Überlegungen zu den Kosten der Einrichtung, Sicherheitsvorkehrungen für die „Beamten", auch ein Hinweis dazu, „daß die Betroffenen über kurz oder lang mit Sicherheit feststellen können, daß sie durch Röntgenstrahlen sterilisiert, bzw. kastriert sind." Da eine „unmerkliche" Abdeckung mit Blei nicht möglich sei, müsse eine Schädigung des übrigen Körpers ebenso in Kauf genommen werden wie der durch die Bestrahlung bedingte Röntgenkater oder „individuell verschieden starke Verbrennungserscheinungen." Der Röntgenapparat, der auch zur „Durchleuchtung" dient, fällt mit der Maschine der Bürokratie in eins. Es wird ein bürokratischer Ablauf simuliert. Die Opfer glauben, ein Formular auszufüllen oder an einem Schalter warten zu müssen. Beides ist aus dem Alltag bekannt und gilt als ungefährlich. Menschen und Tiere lassen sich nur dann aus eigenem Antrieb in einen Ablauf, in welchem ihnen Gewalt angetan wird, einfügen, wenn sie getäuscht werden.

Was hätte sich jemand wie Viktor Brack, er begann auch ein Studium der Landwirtschaft, einfallen lassen, hätte er Technologien gekannt, wie sie heute in der Rinderhaltung wie in anderen Bereichen zur Anwendung kommen? Brack, man kann in ihm einen Vordenker modernen Herdenmanagements sehen, ahnte das Potenzial, welches in der Nutzung von Verhaltensdispositionen liegt, er verstand Herrschaft und Kontrolle als Organisation von Bewegungsabläufen zu denken.

Er, der um die Möglichkeiten der Täuschung („Tarnmaßnahmen“) wusste, versuchte sich als Angeklagter im Nürnberger Ärzteprozess damit zu verteidigen, dass es sich um „‚Verzweiflungstaten‘ zur Verhütung der ‚Massenmorde‘ an Juden gehandelt habe“[3], er selbst, was Himmlers Charakter betrifft, einer Täuschung anheim gefallen sei.

---

1 Internetseite des Herstellers Lemmer-Fullwood.

2 Alexander Mitscherlich / Fred Mielke (Hg.): *Medizin ohne Menschlichkeit. Dokumente des Nürnberger Ärzteprozesses*, Frankfurt/M. 1978, S. 241.

3 Siehe ebd., S. 245.

HERONS MECHANISCHER TEMPEL

Die Kühe werden ständig in Bewegung gehalten. Endlos drehen sie ihre Runden. Wir haben es mit einem – zumindest was die Funktionalität anlangt – bestechend banalen, gleichzeitig höchst komplexen System sich öffnender und schließender Tore zu tun, mit einer Abfolge von Ventilen. Da ist an Heron von Alexandrien zu erinnern, den „mechanikos" der Antike. Er konstruierte künstliche Singvögel, selbstklingende Trompeten, Wasserorgeln, Zauberkrüge, Figurengruppen mit Göttern, Heroen oder Tieren, selbst mechanische Tempel. Waren die heiligen Feuer auf den Altären angezündet, gab ein steinerner Trompeter ein Hornsignal. Die herbeiströmenden Gläubigen sahen nach einiger Zeit, wie sich die großen Tempeltüren von selbst öffneten. Warfen sie beim Betreten des Tempels eine Münze in einen Weihwasserautomaten, strömte ein feiner Regen von geweihtem Wasser herab. Vögel aus Bronze öffneten ihre Schnäbel und ließen einen überirdischen Gesang erklingen. Zwei eiserne Priester standen neben dem Altar und hielten ihre Hände segnend über das Opferfeuer. Am Ende der Feier ergoss sich aus den Händen der beiden Automaten Wasser und brachte die Flammen zum Erlöschen. Hatten die Gläubigen den Tempel verlassen, schlossen sich seine Türen von selbst. Zweifellos sahen die Menschen der Antike göttliche Kräfte am Werk, und es ist auch zu vermuten, dass Heron seine Maschinen nicht als Täuschung der Gläubigen, sondern als eine Huldigung an die Götter sah.[1]

Die Abläufe und Bewegungen seines Tempels verdankten sich hydraulischer oder mechanischer Vorrichtungen, die im Kellergeschoß, im Altar oder auch in den einzelnen Automaten verborgen waren. Die Tempeltüren drehten sich um Zapfen, die auf Lagern des Keller-

→ Herons automatische Priester beim Löschen des Opferfeuers. Abb. aus: Walther Kiaulehn, *Die eisernen Engel. Geburt, Geschichte und Macht der Maschinen*, Berlin 1935.

bodens ruhten. An einer um die Zapfen gewundenen Kette hing auf der einen Seite ein Steingewicht, auf der anderen ein Wassergefäß. Dieses Wassergefäß war durch ein Rohr mit einem unter dem Altar eingerichteten Wasserbassin verbunden. Wurde auf dem Altar ein Feuer entzündet, so dehnte sich die Luft in seinem hohlen und abgedichteten Inneren aus und drückte nach unten auf das Wasser, worauf dieses durch das Rohr in das Wassergefäß an der Zapfenkette gedrückt wurde. Hatte sich dieses gefüllt, wog es schwerer als der Stein. Die Zapfen drehten sich und die Türen gingen auf. Erlosch das Feuer auf dem Altar, so zog sich die ausgedehnte Luft wieder zusammen, wodurch das Wasser aus der Kanne durch das Rohr wieder zurück in das Bassin unter dem Altar gesogen wurde. War das Gewicht des Steins wieder größer als das des Wassergefäßes, drehten sich die Tempeltüren in die entgegengesetzte Richtung und schlossen sich.
Herons Tempelmaschine bedurfte einer höchst genauen Abstimmung der einzelnen Bewegungsabläufe. Erklang das Trompetensignal des steinernen Trompeters, durfte es nicht zu lange dauern, bis sich die Türen des Tempels öffneten, die Priesterautomaten sollten das Feuer nicht zu früh löschen, die Türen des Tempels erst dann schließen, wenn die Gläubigen den Tempel verlassen hatten. Heron erfand keinen neuen Ablauf; im Gegenteil, seine Tempelautomatik hielt sich an das festgelegte Ritual. Dies gilt selbst für den von ihm erdachten Weihwasserautomaten, nur, dass die symbolische Reinigung beim Betreten des Tempels und das Geldopfer in eins fallen. Mochte dieser Automat in seiner Funktionsweise noch so einfach sein, so handelte es sich doch zweifellos um einen der ersten Automaten, die Menschen dazu anhielten, mit ihnen zu interagieren.

Es entbehrt nicht einer gewissen Ironie, dass der Ablauf vom Altar aus, also dem Zentrum des Tempels, in Bewegung gesetzt wurde, nämlich durch die Hitze des dort entfachten Feuers. Heron kannte Flaschenzüge, Zahnräder, Gewichte und Gegengewichte, er wusste um grundlegende hydraulische Gesetze, um die Übersetzung von Wärme in mechanische Energie. Mögen die technischen Einrichtungen auch einfach gewesen sein, so verblüfft sein mechanischer Tempel allein dadurch, dass sich nicht allein verborgene Gefäße füllten oder leerten. Gleichzeitig füllte und leerte sich auch der Tempel.

Heron sei auch deshalb erwähnt, weil sich unter seinen Automaten ein Rind findet. Dieses Rind vollführte, war der Mechanismus einmal in Gang gesetzt, automatisch den Ablauf einer Opferung. So ließ sich der Tötungsakt beliebig oft wiederholen, kehrte doch das Rind stets wieder in seine Ausgangsstellung zurück. Herons mechanisierter Tempel kannte genaugenommen nur einen einzigen Ablauf, eine einzige Bewegungsabfolge. In heutigen Rinderställen haben wir es dagegen wie in anderen Bereichen mit vielen, wenn auch zentral gesteuerten Einzelbewegungen zu tun. Die Kraftfutterautomaten müssen wie die sich öffnenden und schließenden Gatter und Tore unabhängig von den Melkrobotern funktionieren, mögen die hier gesammelten Daten auch entscheidend dafür sein, wieviel Kraftfutter an das einzelne Rind ausgeschüttet wird.

Mühelos lassen sich die Kühe als eine Art Flüssigkeit denken. Die Anlage ließe sich mit Hilfe von Erkenntnissen der Strömungstheorie beschreiben. Vor allem darf es nie zu einem Stau in diesem Kuh-Strom kommen. Mögen den Kühen Automaten, Absperrungen und Tore noch so vertraut sein, so wissen sie doch nicht um deren

Bedeutung. Öffnet sich eines der Tore plötzlich in eine andere Richtung als gewohnt, dann sehen sie darin allemal einen Fluchtweg, einen Weg in die Freiheit, zumindest in einen Raum freier Bewegung. Sie wissen nicht, dass hier die Besamungsbox, dort der Tierarzt oder der Schlachthof auf sie wartet. Heron wiederum wusste nicht um die Möglichkeiten seiner Maschinen. Er dachte nicht an die Herstellung von Gütern und Waren.

---

1 Vgl. Heron von Alexandria, *Druckwerke und Automatentheater*, übersetzt und herausgegeben von Wilhelm Schmidt, Leipzig 1899.

MILCHSTIMULATION

In Indien sollen sich Melker, die Kühe von Haus zu Haus führen, um sie zu melken, einer Kälberattrappe aus ausgestopftem Kalbfell bedienen, um so den Milchfluss anzuregen. Zeige dies keine Wirkung, dann blase der Besitzer Luft durch eine hohles Rohr in den Uterus der Kuh und stopfe den Schwanz in die Öffnung der Vagina.[1] Bereits Herodot berichtet von solchen Praktiken. Die Skythen „nehmen beinerne Blasrohre, am ehesten Flöten vergleichbar, und die schieben sie in die Scheide der Stuten und blasen mit dem Mund hinein, und während der eine pustet, melkt der andere. Sie sagen, das täten sie darum: Die Adern der Stuten schwöllen an, wenn sie hineinbliesen, und so träte das Euter nach unten vor."[2] Durch die Manipulationen an der Scheide wird die Milch symbolisch in den Kontext der Fruchtbarkeit gestellt. Dies gilt für viele ähnliche uns heute nur noch schwer verständliche Handlungen, ganz gleich, ob man Hagelkörner ins Weihwasser gab oder Mädchen Kränze zerpflückten und in einen Bach warfen. Da wie dort sollte sich die Milch wie Regen ergießen, sollten Kühe Kälber, Frauen Kinder gebären. Nicht zufällig spielte neben dem Ei die Milch bei Hochzeits- oder Frühjahrsbräuchen eine wichtige Rolle. Milch sollte auch gegen Unfruchtbarkeit wirken. Unfruchtbaren Frauen wurden in Milch gekochte Geschlechtsteile von Tieren verabreicht. Am wirksamsten gegen Unfruchtbarkeit galt Frauenmilch, deren Genuß für den Erwachsenen einem Tabu unterliegt. Impotenten Männern wurde die Milch einer jungen stillenden Frau empfohlen. Frauenmilch ließ sich auch in einen Teig einarbeiten. Der daraus gebackene Kuchen sollte als Liebeszauber wirken.[3]
Zu archaischen Stimulationstechniken fügen sich Milchopfer, die allerdings weniger dazu dienten, den

Milchstrom anzuregen als diesen zu erhalten. Milch wurde nicht einfach als eine Eutern abgetrotzte Flüssigkeit verstanden. Milch wurde in archaischen Kulturen als stets unsichere Gabe betrachtet, die zumindest nach symbolischen Gegengaben verlangte. Das Grimmsche *Märchen von der Unke* sei als eines von vielen Beispielen erwähnt: „Es war einmal ein kleines Kind, dem gab seine Mutter jeden Nachmittag ein Schüsselchen mit Milch und Weckbrocken, und das Kind setzte sich damit hinaus in den Hof. Wenn es aber anfing zu essen, so kam die Hausunke aus einer Mauerritze hervorgekrochen, senkte ihr Köpfchen in die Milch und aß mit. Das Kind hatte seine Freude daran, und wenn es mit seinem Schüsselchen dasaß, und die Unke kam nicht gleich herbei, so rief es ihr zu: ‚Unke, Unke, komm geschwind, komm herbei, du kleines Ding, sollst dein Bröckchen haben, an der Milch dich laben.' Da kam die Unke gelaufen und ließ es sich gut schmecken. Sie zeigte sich auch dankbar; denn sie brachte dem Kind aus ihrem heimlichen Schatz allerlei schöne Dinge, glänzende Steine, Perlen und goldene Spielsachen."[4] Als die Mutter die Unke erschlägt, magert das Kind ab und stirbt. Geht es der Unke gut, dann gedeiht auch das Kind. Bekommt die Schlange ihre Milch, so gedeiht das Vieh.[5] Der Kornkasten wird nie leer und der Flachs geht nie aus. Die Mutter, die der Unke nichts gönnen will und diese mit einem Holzscheit erschlägt, verletzt das Gesetz des symbolischen Ausgleichs, ohne den es in einer bäuerlichen Kultur weder Fülle noch Segen geben kann. Kalbte eine Kuh, so wurde ihr gesüßter Brombeertee vorgesetzt. Die Kühe wussten um das Privileg, so einen Tee zu bekommen. Krankheiten wurden als Folge eines aus den Fugen geratenen Gleichgewichts verstanden, die Behandlung als Versuch, dieses wieder herzustellen. Der gesüßte Brombeertee bezeichnete

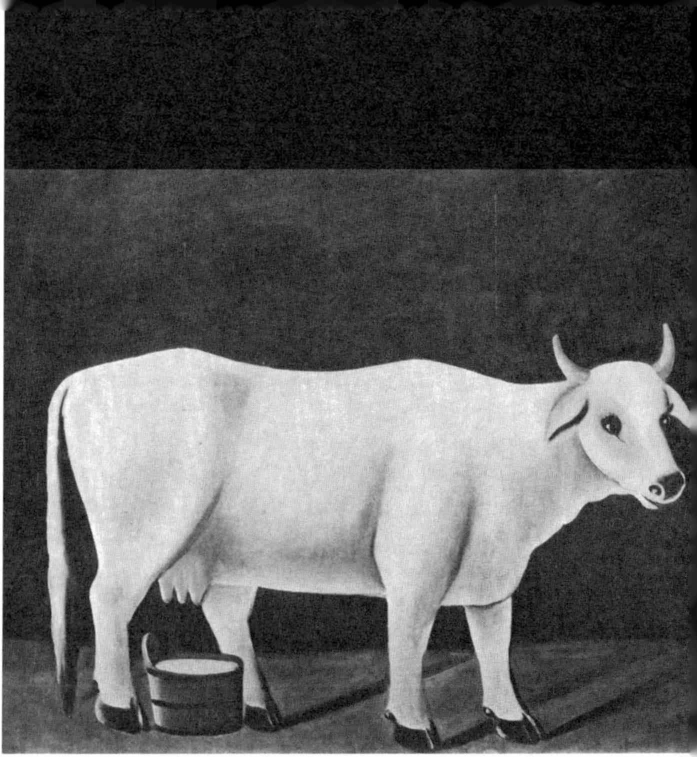

→ Niko Pirosmani, *Weiße Kuh auf schwarzem Grund*. Sammlung I. Andronikow, Moskau.

den Verlust des Kalbes, die Leere im Körper sowie jene Vitalität, welche die Kuh beim Kalben eingebüßt hat. Er wurde als Hinzufügung verstanden, um das Fließen der Milch anzuregen. Mancherorts standen einer Kuh, die gekalbt hatte, ein Butterbrot, eine Zwiebel und ein rohes Ei zu. Die symbolische Bedeutung dieser Gaben wird dort offensichtlich, wo sie von der Bäuerin, die nach der Kuh sah, auf einem schönen Teller in den Stall getragen wurden. Das Ei wurde dabei übrigens an einem der Hörner der Kuh aufgeschlagen.[6]
Es gab die Vorstellung, eine Kuh, die zu gut genährt sei, würde nur schwer trächtig. Nahm eine Kuh nicht auf, so wurde vor allem aus ihrem Körper abgeleitet, gleichsam Platz geschaffen. Das übliche Mittel dazu war der Aderlass. Unken und Schlangen drohten aber auch, Milch aus Brüsten und Eutern zu saugen. Nahmen Säuglinge ab, so glaubte man, Schlangen würden nachts ihren Schwanz in deren Mund stecken und sich an der Milch der Mütter nähren.[7] Brehm hielt es für nötig, solche Vorstellungen in das Reich des Aberglaubens zu verweisen.
Zu solchen Vorstellungen fügen sich Strafen für jene, die einen Milchfrevel begehen. Wer mit einem spitzen Gegenstand in der Milch rühre oder mit einem Messer in die Milch hineinsteche, so glaubte man, steche ins Euter der Kuh, deren Milch sich dann rot färbe oder breche. Lasse man aus Unachtsamkeit die Milch auf dem Feuer überlaufen, so verbrenne das Euter der Kuh. Wenn man sie verschütte, gäben die Kühe weniger Milch. Schwerste Strafen drohen jenen, die mit Milch verschwenderisch oder sorglos umgehen. Die schöne Magd, die mit Milch die Stiege putzt, Bauerntöchter und Melker, die in Milch baden, oder Mägde, die Milch in den Bach schütten, werden vom Blitz erschlagen, sie versinken in der Erde, verwandeln sich in Stein oder

sind dazu verdammt, auf den Almen herumzugeistern. Die saftigsten Wiesen verdorren.
Die Milchleistung heutiger Kühe verdankt sich Züchtungsanstrengungen wie reichlichem Futterangebot. Sie lässt sich durch eine optimale Abkalbefrequenz oder entsprechenden Liegekomfort wie vieles andere steigern. Auf einer Werbeeinschaltung eines Mineralölkonzerns aus dem Jahr 1999 ist ein Kuheuter mit vier Zitzen zu sehen, darunter der Text: „Wie unser Benzin: Frisch gezapft und in vier wirklich leckeren Sorten. Jet Markenkraftstoff enthält Liter für Liter wertvolle Substanzen, die dafür sorgen, daß Ihr Auto groß und stark bleibt. Und weil's so günstig ist, startet man damit besonders gern in den Tag." Dank Technik und Naturbeherrschung ist Milch heute zu einem Rohstoff wie Erdöl geworden. Nicht länger bedarf es eines Milchopfers, nicht länger bedarf es symbolischer Stimulationen oder die Milch betreffende Tabus. An deren Stelle sind Hygieniker und Lebensmittelexperten getreten, die darauf achten, dass der Genuß von Milch, Milchprodukten oder Fleisch ohne Risiko geschehen kann. Heute können wir straflos in Milch baden. Dafür nimmt die Zahl der Milchallergiker stetig zu.

---

1 Vgl. Marvin Harris, *Fauler Zauber. Unsere Sehnsucht nach der anderen Welt*, Stuttgart 1993, S.33.

2 Herodot, *Geschichten und Geschichte*, Zürich/München 1973, Bd. 1, S. 311.

3 Vgl. Hanns Bächtold-Stäubli (Hg.), *Handwörterbuch des deutschen Aberglaubens*, Berlin/New York 1987, Stichworte Milch, Kuh, Milchopfer.

4 Brüder Grimm, *Kinder- und Hausmärchen*, Frankfurt am Main 1997, Bd. 2, S. 209.

5 Unke: Kröte; mhd., ahd. unc = Schlange.

6 Diesen Hinweis verdanke ich Maria Strele.

7 Vgl. etwa Tommaso di Ciaula, *Das Bittere und das Süße. Über die Liebe, das Scherenschleifen und andere vergessene Berufe*, Berlin 1982, S. 60.

DAS GROSSE WAGNIS

In seinem Roman *Das große Wagnis* (1918) beschreibt Max Brod ein Spiel, das an moderne Rinderställe denken lässt. Das Spiel ist ein Modell des Zukunftsstaates „Liberia", einer Art Höhlenstadt, in die sich Menschen vor dem Krieg geflüchtet haben. Liberia befindet sich irgendwo in einem verwüsteten aufgegebenen Niemandsland zwischen den Fronten. Der Modellstaat behauptet von sich, eine Zufluchtsstätte für Freiheit und Vernunft zu sein. Der Ich-Erzähler, der autobiographische Züge aufweist, erfährt die große Kluft zwischen Theorie und Praxis. Die Getreideernte dient nur der Simulation. Tatsächlich verdankt sich die Nahrung wie alle Gegenstände des täglichen Bedarfs dem, was die aus den umliegenden Dörfern Geflüchteten zurückgelassen haben. Unerwähnt bleibt, woher die Milch zum Kaffee, Käse, Butter und Wurst herkommen. Intellektuelle arbeiten als Straßenkehrer und Stiefelputzer. Alle werden gleich bezahlt, alle, so wird behauptet, arbeiten mit Freude. Tatsächlich ist die Arbeit sinnentleert. Wirklich arbeiten nur der Kellner und der Protokollführer. Als sich der Kellner weigert, die Müßiggänger zu bedienen, hat er dies in eisernen Ketten zu tun. Statt Freiheit sind Zwangsmaßnahmen, willkürliche Verhaftungen und Hinrichtungen die Regel. In Liberia, das von Dr. Askonas diktatorisch beherrscht wird, ist auf Zeichen kein Verlass. Seine Freundlichkeit bedeutet keinesfalls Sicherheit, sondern kann vielmehr den Tod zur Folge haben. Jeder Schritt kann ein falscher Schritt sein. Immer bleibt unklar, welcher Schritt der richtige ist.

Der Ich-Erzähler begegnet in Liberia seiner früheren Geliebten Ruth, einer Krankenschwester. Sie hat sich das Spiel „Das große Wagnis" ausgedacht, zusammengebaut aus Pappkarton, Holz und Draht. Ruth beklagt, Kinder würden gehen, sehen, spielen und denken lernen, nur das Wichtigste lernten sie nie, nämlich richtig wollen. Da der Instinkt „für gute schnelle Entscheidungen" verkümmere, müsse man etwas tut, um ihn zu kräftigen. Gespielt wird die Flucht eines Gefangenen aus einem Festungsgefängnis. Auf einer Tischplatte ist, aneinandergeklebt aus unendlich vielen kleinen Schächtelchen, eine weiträumige Anlage mit Zellen, Korridoren, inneren und äußeren Höfen mit Mauern und Toren zu sehen. Da Dächer und Decken fehlen, kann man ins Innere jedes Raumes blicken. Will der Gefangene in die Freiheit gelangen, dann muss er die ganze Anlage durchqueren. Ob ihm seine Flucht gelingt oder nicht, hängt von einem einzigen Schritt ab, den er während seiner Flucht zu machen hat: „Zaudert er da oder wählt er falsch, so ist alles verloren und die nachfolgenden Kunststücke, die er etwa noch ersinnt, können seine Lage nicht mehr auch nur im geringsten verbessern. Es ist also ganz anders als bei unserem Damenspiel, bei dem man eigentlich während der ganzen Partie noch die Aussicht hat, von einem Fehler des Gegners zu profitieren."[1]

Die Rolle des Gefangenen wird von einem Kind gespielt. Sein Gegenspieler ist ein Erwachsener, ein Lehrer, der weiß, wie sich die Flucht verhindern lässt. Der Erzieher hat es in der Hand, das Spiel durch seine Züge immer anders zu gestalten. Der Gefangene wird durch eine Kugel bezeichnet. Der Gegenspieler tut alles, um nur jeden denkbaren Fluchtweg unmöglich zu machen. Manche Fluchtwege sind von vorherein als Sackgassen angelegt. Die vielen kleinen Türchen des Pappendeckelmodells lassen sich durch Tastendruck gleich einer Klaviatur bewegen, auf- und zuklappen, und weiß es

ein Lehrer geschickt zu spielen, dann bewegt sich das ganze Labyrinth und legt seine Fangarme um die rollende Kugel.
Auf den schnellen Entschluß kommt es an, darauf, ein Wagnis einzugehen. Zum Überlegen bleibt keine Zeit. Die Tasten werden nicht abwechselnd gedrückt. Wie beim Tischfußball sind beide Spieler ununterbrochen in Tätigkeit. Jeder der beiden hat zu erraten, wie der andere sich verhalten wird. Dem Kind soll klargemacht werden, dass von einem einzigen Zug alles Weitere abhängt, dass ein einziger Zug über den Ausgang des Spiels, letztlich des Lebens entscheidet. Dem Kind solle der gefährlichste aller Irrtümer genommen werden, nämlich der Glaube, sich mehrmals im Leben entscheiden zu können. Dabei habe das Kind zweierlei zugleich zu lernen: Festigkeit und Leichtigkeit. Das Eine bleibe ohne das andere sinnlos. An dieser Stelle erwähnt Brod pneumatische Türen, die zu seiner Zeit bereits bei Banken und Hotels Verwendung fanden. Stoße man solche Türen heftig an, dann öffneten sie sich überraschend leicht. Aber ein leichter Druck genüge nicht, dass sich der Mechanismus in Bewegung setze.
Im Gegensatz zu Max Brods Spiel bewegen sich die Kühe im Kreis. Tausende Male öffnen sich Tore, schütten Automaten Kraftfutter aus. Aber jeder Schritt, den sie machen, jedes Tor, das sich öffnet, nie lässt sich vergessen, dass es ein Computerprogramm sein wird, das auch ihren Gang in den Tod steuern wird. Es ist kein Spiel. Es gibt auch keinen Gegenspieler, der ob der Klugheit einer Kuh zum Verlierer werden könnte. Aber Zufälle gibt es auch hier. Eine nicht abklingen wollende Euterentzündung kann so ein Zufall sein. Kühe sind angehalten, ständig zu wählen, aber eine Entscheidung können sie nie treffen. Eine Tierärztin, die in einem gro-

ßen Schlachthof arbeitet, in dem tagtäglich Tausende von Schweinen getötet werden, erzählte mir die Geschichte eines Schweines, die mich sehr beeindruckt hat. Diesem Schwein gelang es, kurz vor der Betäubungsbox eine der Absperrungen zu überspringen. So etwas sei noch nie vorgekommen. Dann durchquerte es vor den Augen erstaunter akkordarbeitender Angestellter, die damit beschäftigt waren, Schweine an das Band zu hängen, zu entbluten, auszunehmen, zu spalten, Organe zu sortieren, lange Hallen und Gänge und gelangte schließlich ins Freie. Auf dem Firmengelände wurde es nicht mehr gefunden. Aber was zählt schon ein Schwein? In solchen Fällen gilt es nicht, einem Schwein nachzulaufen, sondern nach den Ursachen zu suchen, die das Entkommen ermöglichten. Das Schwein, vollkommen unerfahren in der neuen Umgebung, wurde auffällig und bereits am zweiten Tag nach seiner Flucht von einem Jäger erlegt.

„‚Nun tue ich den richtigen Zug', rief Ruth mit kaum unterdrücktem Jauchzen ‚und nun sehn Sie, – das liegt in der Konstruktion, – nun steht sofort das ganze Schiebewerk steif und unbeweglich da, weit und breit eine große, ohnmächtige, gleichsam widerwillig bewundernde Erstarrung. Der Gegner kann gar nichts machen. Alle Türen, die der Gefangene noch zu durchlaufen hat, haben sich in einem und demselben Augenblick geöffnet, in schnurgerader Linie liegen sie vor ihm, eine einzige Allee, so daß die Kugel nur einfach bis ans Ende des Brettes zu rollen hat. Alles hat sich mit einem Schlage auf unvorhersehbare Weise vereinfacht, viele Hindernisse sind plötzlich gar nicht mehr da, sie waren nur scheinbare Hindernisse, andere weichen zurück und der Mutige wird durch glücklichen Zufall, der kein Zufall ist, belohnt. Sehen Sie ... nun rollt die

Kugel!'"[2] – Liberia geht im Bombenhagel unter, der Ich-Erzähler wird gefangen genommen und als Deserteur erschossen.

Ruths Spiel ist ein Tableau, auf dem sich selbst der Verlierer – mag es auch um das Leben gehen – distanziert betrachten kann, selbst dann, sollte die silberne Kugel, die ihn bezeichnet, nicht ins Freie, nicht in die Freiheit gelangen. Lehrer und Schüler stehen außerhalb, drücken Tasten, um Türen und Tore zu öffnen oder zu verschließen. Brod beschreibt im selben Roman noch ein ähnliches „Spiel". In der idyllischen Parklandschaft einer Kuranlage haben sich Männer, unter ihnen auffallend viele ergraute Herren, um ein riesiges Blumenbeet versammelt. Sie bewegen sich um das etwas tiefer liegende Beet und weisen mit ihren Spazierstöcken auf einzelne Partien, lebhaft miteinander plaudernd. Alle tragen helle bequeme Sommeranzüge. Abseits davon reiten weißgekleidete Kinder auf Ponys, spielen mit Reifen oder hängen am Schoß ihrer Mutter. Auf den Wegen des Parks promenieren Damen, in den Ruderbooten auf dem See sind Pärchen zu sehen. Immer wieder laufen Livrierte die Rasenböschung hinab, steigen in das Beet und heben hastig zahllose Blumentöpfe aus der Erde, um sie darauf an einer anderen Stelle wieder einzusetzen.

Das Idyll dieser Parklandschaft erweist sich als höchst trügerisch. Darauf weisen bereits die livrierten Diener hin, die immer wieder aus einer der kleinen Villen gelaufen kommen, um die Blumen im Beet neu zu arrangieren, und zwar in einer Art und Weise, die nichts mit dem Geschmack eines Gartenliebhabers zu tun hat. Wann immer die Diener etwas verrücken, entfernen oder hinzufügen, übersetzen sie jene Informationen, die in dem als Kurvilla getarnten Telegraphenamt – um das Idyll nicht zu stören, wurden die Drähte unterirdisch verlegt – von den unterschiedlichsten Kriegsschauplätzen eingehen. Die Herren, die sich um das bunte Blumenbeet versammelt haben, die mit ihren Stöcken fuchteln, gestikulieren und diskutieren, sie alle zählen zum Generalstab. Werden Rosenstöcke von Dienern ausgerissen, dann muss eine Schlacht verloren sein, eine „entscheidende Verschiebung" stattgefunden haben. Das Zentrum des Krieges befindet sich in dieser Parkanlage, fernab jeder Front. Es ist weder Kanonendonner zu hören, noch sind Verletzte zu sehen. Ob Kurpark oder venezianischer Abend mit seinem fröhlichen Treiben, alles ist Staffage. Die Kurkapelle, die auf gedämpften Instrumenten spielt, setzt sich ebenso aus bezahlten Statisten zusammen wie die vielen schön gekleideten Kinder, Damen und Pärchen. Ihnen allen ist es strengstens verboten, Lärm zu machen oder sich dem Beet zu nähern.

Von hier aus wird der Krieg geleitet. Der Generalstab, „sozusagen Gehirn und Nervensystem des Krieges", trifft seine Entscheidungen abseits der „grobmateriellen Wirklichkeit". Die verschlüsselt einlaufenden Informationen müssen dechiffriert und in eine neue, und zwar sinnliche, Zeichensprache übersetzt werden, die es dann erneut zu entschlüsseln gilt: „Der Krieg ist heute längst keine militärische Angelegenheit mehr, er schließt alles technische und ökonomische Wissen in sich ein, er ist gleichzeitig ein Kreuzungspunkt sozialer, pädagogischer, ethischer, literarischer, metaphysischer Denkrichtungen. […] Heute ist es jedenfalls allgemein üblich, daß der Generalstab in einer Umgebung arbeitet, die mit allem nur möglichen Raffinement jede Beziehung auf den konkreten Krieg vermeidet. Keine Uniform, keine Karten, keine Meldungen im alten Stil, alles durch Symbole, durch eine zierliche Geheimsprache ersetzt. Man wiegt die Höchstkommandierenden geradezu in Frieden ein. Dadurch wird der Krieg für sie zur Abstraktion, zum Schema, zur Gegeneinanderbewegung bloß gedachter, irgendwo vorhandener oder auch nicht vorhandener Massen. Nur wenn das Gefühl, wenn jeder Gedanke an die Wirklichkeit erloschen ist, kann die denkbar richtigste Entscheidung im Interesse der Allgemeinheit gefällt und frei von allen materiellen Störungen, gleichsam im luftleeren Raum ausgeformt werden."[3]

Der Generalstab setzt sich aus Zeichenlesern zusammen. Sie wissen die Farben all der verschiedenen Blumen, geschlossenen oder geöffneten Knospen, die Stellung der Blumen zueinander, die flüchtig hingestreuten weißen, roten oder blauen Blüten, die sich ändernden Positionierungen zu deuten. Das Beet ist nichts anderes als eine einzige Karte des Kriegsgeschehens. An die Stelle unmittelbarer Erfahrung ist das distanziert betrachtete Schauspiel, die Aufsicht des Sandkastens, bei Brod ein Blumenbeet, schließlich eine völlig virtuelle Welt getreten, in der sich das, was als Wirklichkeit verstanden wird, maßgeblich Maschinen verdankt. Wie das von Brod beschriebene Blumenbeet ist auch ein computergesteuerter Kuhstall als Tableau zu betrachten. Es bedarf keiner Diener, die hin und her laufen. Das eigentliche Tableau findet sich allerdings in den vielen Flächen des Computers, dem Gehirn und Nervensystem des Kuhstalls.

1 Max Brod, *Das große Wagnis*, Leipzig und Wien 1918, S. 93–94.
2 Ebd., S. 100.
3 Ebd., S. 15–17.

DER RINDERMAGEN

Der überdachte Fahrsilo, in dem gehäckselter Mais und Grünfutter eingelagert wird, ist von beeindruckender Größe. Das gepresste Futter erreicht die Höhe von einigen Metern. Die Kühe werden auch während des Sommers einzig mit Silage und Kraftfutter gefüttert. Mit Hilfe von großen fahrbaren Maschinen werden eigene Futtermischungen produziert. Dabei wird das Futter so durchmengt, dass den Kuhmägen einiges an Arbeit erspart bleibt. Die Verdauung beginnt also bereits außerhalb des Rindermagens (denkbar wäre es ja, gleich bestimmte Fermente und Verdauungssekrete zuzusetzen). Auch die Fermentierungsprozesse des Silagefutters sind als eine Art Vorverdauung zu sehen. Dem „schnobernden Thiere" bietet sich ein Einheitsbrei, Durchmengtes, nicht Frauenmäntelchen, Mutterkraut oder Alpenwegerich, „trefflichste und würzigste Nahrung," da findet sich keine „natürliche Diät".[1]

Rinder ernähren sich überwiegend von Gras, also schwer verdaulicher, nährstoffarmer Zellulose. Ein Rind benötigt täglich etwa 50–100 kg Grünfutter und bis zu 100 l Wasser. Das Gras wird nahezu unzerkaut geschluckt und gelangt dann in den Pansen (frz.: *la panse* – „Bauch", „Wanst"), den ersten der vier Mägen. In diesem großen Gärorgan beginnt mit Hilfe von Mikroorganismen („Pansenflora") die Verdauung, also der Aufschluss der Zellulose. Zerkleinerte und vorverdaute Nahrungsteile wandern in den Blättermagen, gröbere Nahrungsbestandteile werden nach 1–2 Stunden, wenn das Rind ruht, durch den Netzmagen über die Speiseröhre zurück ins Maul gewürgt und dort, nachdem das Heraufgepresste gründlich gekaut ist, erneut geschluckt. Diesmal gelangt das Geschluckte nicht mehr in den Pansen, sondern in den Blättermagen, dessen Funktion vor allem darin besteht, dem Brei das Wasser zu entziehen. Erst im Labmagen beginnt die eigentliche Verdauung, wird die Zellulose mit Hilfe von Verdauungssäften teilweise in Zucker aufgespalten. Auf den Labmagen folgt ein langer Darm, in dem die Nahrung über die Darmwände in den Körper aufgenommen wird. Das Rind kann in kurzer Zeit große Mengen an Nahrung zu sich nehmen, das Wiederkäuen macht dagegen einen nahezu besinnlichen Eindruck. Der Pansen dient nicht nur der Vorverdauung, sondern auch als Nahrungsspeicher.

Buffon hat sich neben vielem anderen auch mit dem Magen der Wiederkäuer beschäftigt: Er konnte zeigen, dass die Größe des Pansens beim erwachsenen Tier nicht allein anlagebedingt ist, sondern entscheidend von der Ernährung abhängt. Buffon hat den Rindermagen erstaunlich genau beschrieben: „Das Wiederkäuen ist nur ein Erbrechen ohne Anstrengung, veranlaßt durch den Gegendruck des ersten Magens gegen die Speisen, die er enthält. Der Ochs füllt diese zwei ersten Magen, das heißt den Wanst und die Haube, die nur ein Theil des Wanstes ist, so sehr als möglich, an. Diese gespannte Haut drückt demnach alsdann auf das Gras, das sie enthält, das nur sehr wenig gekaut, kaum klein gemacht ist und dessen Umfang durch die Gährung bedeutend zunimmt. Wäre die Speise flüssig, so würde diese Zusammenziehungskraft sie in den dritten Magen treiben, der mit dem anderen nur durch eine enge Röhre zusammenhängt, deren Mund sogar am hintern Theile des ersten und fast eben so hoch wie der der Speiseröhre liegt. Sonach kann jene Röhre diese trockene Speise nicht zulassen oder wenigstens läßt sie nur den flüssigen Theil zu; nothwendiger Weise steigen die trockensten Theile in die Speiseröhre zurück, deren Mund breiter ist als der jener Röhre: sie steigen wirklich

dahin wieder zurück; das Thier kaut sie wieder, zerquetscht sie, feuchtet sie von Neuem mit seinem Speichel an und macht so nach und nach diese Speise fließender; es verwandelt sie in einen Brei, flüssig genug um in jene Röhre zu dringen, die mit dem dritten Magen zusammenhängt, wo sie sich noch mehr preßt, bevor sie in den vierten Magen übergeht; und in diesem letzten Magen vollendet sich die Auflösung des Heus, das in einen völligen Schleim verwandelt wird."[2] Buffon sah im Rind das genügsamste aller Haustiere. Es gebe „der Erde gerade eben so viel zurück" als es aus ihr ziehe und verbessere zudem noch den Boden, worauf es lebe, es dünge seine Weide, „wogegen das Pferd und die meisten andern Thiere in wenigen Jahren die besten Wiesen ausmergeln."[3] Will man seinen Beobachtungen Glauben schenken, dann sind Rinder, die mit trockenem Heu ernährt werden, gesünder als solche, die allein „weiches Gras" fressen. Zu seiner Zeit und noch lange danach fütterte man die Rinder während des Winters auch mit Stroh, im Frühjahr erhielten sie „junge Schößlinge und Eschen-, Ulmen-, Eichen- u.s.w. Blätter" zum Fressen. In Zeiten großer Heunot pflegte man den Tieren auch gehackte Fichtenäste vorzulegen: „Es ist dies wohl ein schlimmes Nothfutter."[4]
Noch vor wenigen Jahrzehnten galt eine Kuh, die täglich zweimal zehn Liter Milch gab, als besonders gute, also leistungsfähige Milchkuh. In der Zwischenzeit hat sich die Milchleistung mehr als verdoppelt. Der Weltrekord soll im Augenblick bei einer Tagesleistung von achtzig Litern liegen. Dies ist nur möglich, weil die Kuh vom wiederkäuenden Faserverdauer „zum getreidepellet-, rapsschrot- und sojafressenden Allesvertilger umkonstruiert [wurde]. Leider ließ sich der Pansen nicht wegzüchten oder nachhaltig verändern, denn der ist dafür verantwortlich, dass eine Kuh ab 30, 35 oder

40 Litern Tagesmilchleistung nicht mehr genügend Energie aufbringt, um im Pansen den Proteinabbau zu Ammoniak und den anschließenden Proteinwiederaufbau zu bewerkstelligen.“[5] Verfüttert wird, was den Pansen möglichst ungehindert passiert und im Dünndarm als Eiweißquelle zur Verfügung steht: „Sojaschrot (eigentlich Extraktionsschrot nach Entfernung des Öls) ist ein solches ‚pansenstabiles‘ Futter – und Formaldehyd verstärkt die gewünschte Wirkung. Bei zu starker Behandlung mit Formaldehyd allerdings macht auch der Dünndarm nicht mehr mit, der die ganze Bescherung nun zu verarbeiten hat. [...] Verdauungstechnisch gesehen ist die Turbo-Kuh also eine überdimensionierte Sau, ein AgroSAUrier.“[6]
Angesichts des Futters, das einzig auf Milchleistung, nicht aber auf den höchst komplexen Rindermagen abgestimmt ist, erstaunt es nicht, dass all diese Kühe an einem permanenten Durchfall leiden. Ihr Kot ist nicht von cremiger, sondern wässrig-breiiger Konsistenz. Bei so gefütterten Kühen hat der Rinderkot seinen an sich nicht unangenehmen Geruch längst eingebüßt. Gestank liegt in der Luft. Wie mir ein „Bauer“ erklärte, schmeckt solchen Kühen das duftende Heu magerer Bergwiesen nicht länger. Da seien zu viele Fasern und Stengel darin. Dem Gartenliebhaber sei Mist aus solchen Betrieben nicht empfohlen. Es lässt sich elektrische Energie daraus erzeugen, aber für einen vitalen Garten ist er unbrauchbar. Vor Jahren habe ich mir eine Fuhre solchen Mistes gekauft. Diesen Mist sollte weder ein Regenwurm, eine Made oder eine Fliege besiedeln. Eine tote Masse also. Hochleistungskühe, so sie den Sommer überhaupt auf einer Alm verbringen, mögen zwar im Gegensatz zu jenen, die den Stall nie verlassen, in den Genuss frischen Grases kommen, aber auch sie werden auf der Alm mit Kraftfutter vollgestopft. Ohne

Kraftfutter wäre nicht nur ein Leistungsabfall zu befürchten, die Kühe zeigten Entzugserscheinungen. All diese Kühe sind wahre Kraftfutter-Junkies. Dass heutige Hochleistungskühe oder Mastochsen mit so hohem Kraftfuttereinsatz ernährt werden, ist auch insofern absurd, als sich das Rind fast ausschließlich aus Futtermitteln zu ernähren vermöchte, die der menschliche Körper nicht verwerten kann. So wird es (inzwischen wären dem Rind noch Fahrzeuge wie Autos hinzuzufügen) zu einem Nahrungskonkurrenten für den Menschen. Kühe mit halber Milchleistung wären wirtschaftlicher.

Die Kuhmilch ist genauestens analysiert wie sich auch einfach Keimzahl, Eiweiß- und Fettgehalt bestimmen lassen. Noch vor hundert Jahren haben Bauern die Milch nicht viel anders beurteilt als dies bereits Buffon tat: „Gute Milch ist weder zu dick noch zu klar; ihre Dichtigkeit sei der Art, daß ein kleiner Tropfen, den man nimmt, seine Ründe behält, ohne zu fließen. Auch muß sie ein schönes Weiß haben; die Milch, deren Farbe ins Gelbe oder Blaue spielt, taugt nichts. Ihr Geschmack muß süß sein, ohne alle Bitterkeit und ohne Säure; auch rieche sie entweder gut oder gar nicht. Sie ist besser im Mai und während des Sommers, als im Winter, und nur dann vollkommen gut, wenn die Kuh ein gutes Alter und eine gute Gesundheit hat. Die Milch der jungen Kühe, die noch nicht oft getragen haben, ist zu klar, die der alten Kühe zu trocken, und während des Winters ist sie zu dick."[7] Zweifellos ist die Milch, die heute in den Handel kommt, frei von schädlichen Keimen. So betrachtet haben wir es heute mit einer Milch zu tun, die in ihrer Qualität zweifellos oft besser ist als die früher von kleinen Bauern produzierte. Aber die Frage lässt sich auch anders stellen: Trinken wir heute überhaupt noch Milch?

Samuel Pepys berichtet in seiner Tagebucheintragung vom 21. November 1667 anlässlich der ersten von Richard Lower durchgeführten Bluttransfusion in England, deren Zeuge er war, von einem Mann, der sich nur von Frauenmilch ernährte. Da er die Milch von einer bösen Frau bezogen habe, sei er selbst böse geworden. Als er dann die Milch von einer gutmütigen, geduldigen Frau erhalten habe, habe er bald deren Eigenschaften angenommen. Freilich glaubt heute niemand mehr an solche Vorstellungen. Und doch ist nicht zu übersehen, dass auch die heutige Milch ihre Mitteilsamkeit kennt. Man denke an Unverträglichkeiten, Allergien, Verdauungsstörungen oder andere Beschwerden. Dass mit der Milch heutiger Kühe Hormongaben und Antibiotika in den menschlichen Körper gelangen, muss nicht eigens erwähnt werden. Aber womöglich kennt diese Milch noch ganz andere Belastungen. Womöglich teilt sich durch die Milch auch das Geklapper von Gattern, der Gestank, die ständige Unruhe der Tiere, eben die dunkle Seite des Kuhparadieses mit, auf jeden Fall das Maschinelle, das solchen Kühen anhaftet.
In einem Laufstall sah ich Wände, von denen Kühe bis in eine Höhe von etwa zwei Metern sechs Zentimeter dicke Styroporplatten, die Putzschicht samt Anstrich, gefressen hatten. Der Bauer konnte mir dieses Verhalten nicht erklären. Liegt es daran, dass es den an Silage und Kraftfutter gewöhnten Tieren an grobfasriger Nahrung mangelt, möglicherweise an Salzen, oder hat es mehr damit zu tun, dass sie ihr Leben in einer weitgehend reizarmen Umgebung, auf Betonböden, eingepfercht zwischen Metallrohren, verbringen? Vielleicht hilft folgende Geschichte weiter. Vor langen Jahren teilten wir unsere Wohnung längere Zeit mit einem Mädchen, das von seinem Vater, einem Verwaltungsbeamten, verstoßen wurde. Dieses Mädchen entwickelte

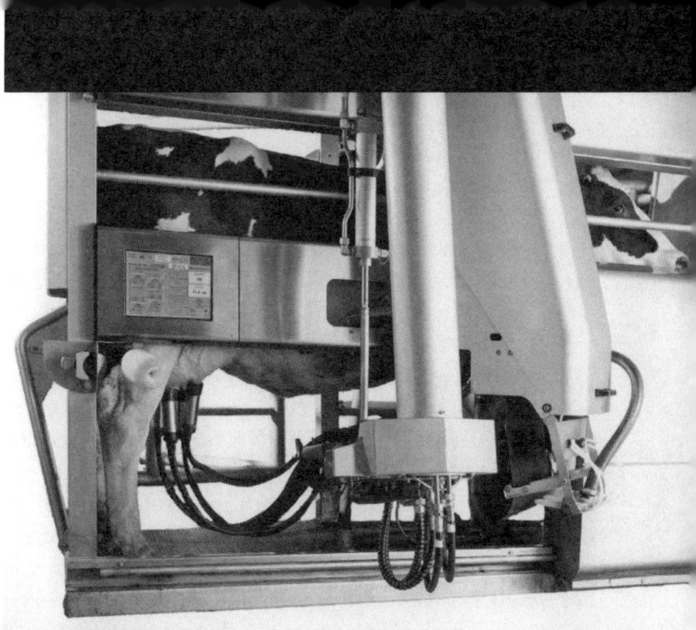

→ Betritt eine Kuh den Melkroboter aus „verstärktem rostfreiem Stahl“, dann setzt sich ein „hydraulisch betriebener Multifunktionsarm“, ein „Roboterarm“ in Bewegung, erfasst eine „3D Laseroptik die vier Zitzen als Gesamtbild schnell und mit höchster Präzision“, eine „schnelle und akkurate Zitzenerkennung“, findet der Roboter die Zitzen „mit Auto-Teach selbstständig“, wenn nicht, ergeht „eine automatische Meldung“ an den Zuständigen, der sich, ist er herbeigeeilt, eines „selbsterklärenden Touch-Screens“ bedient, was wie Hersteller versichern, nur selten vorkomme. Ist die Kuh gemolken, verlässt sie den Automaten und wird beim Passieren des „Selektionstors SmartGate“ automatisch in jenen Bereich dirigiert, den das Programm errechnet hat. Die Abbildung zeigt einen Melkroboter des Unternehmens DeLaval. Abb. aus: Werbebroschüre des Herstellers DeLaval, 2007.

ein sehr seltsames Verhalten. Wie wir erst später wussten, stand es nachts auf, suchte sich eine Schere, um damit Verputz aus der Wand zu kratzen und das so Herausgekratzte in den Mund zu nehmen und zu schlucken. Stets suchte das Mädchen verborgene Stellen, meist in Höhe der Bodenleisten. Noch heute sind die meisten dieser Löcher zu sehen. Es liegt mir fern, das Seelenleben von Kühen mit dem eines pubertierenden Mädchens zu vergleichen oder gar gleichzusetzen. Im Gegensatz zu diesem Mädchen (heute eine erfolgreiche Unternehmerin in der Gastronomie, Busladung um Busladung, Hochzeits- und andere Gesellschaften bewirtschaftend) kennen Kühe keine Scham. Sie kratzen nicht im Verborgenen mit ihren Zungen Styropor von der Wand. Das Gemeinsame findet sich in den Leerstellen, die auf einen Mangel verweisen. Leerstellen deuten, das muss man nicht, das soll man nicht. Man soll sie einzig sehen. Beschäftigte die kleinen Bauern noch jene Leerstelle, die eine verkaufte, geschlachtete oder verendete Kuh hinterließ, so muss unser Interesse heute anderen Leerstellen gelten, abgesplittertem Lack, Löchern in Wänden, die sich Rinderzungen verdanken, Unausgesprochenem in der Milch-, Fleisch- und anderer Werbung.

---

1 Friedrich von Tschudi, zit. nach Th. Zell, a.a.O., S. 77.

2 H.J. Schaltenbrand (Hg.), *Büffon's sämmtliche Werke, sammt den Ergänzungen nach der Klassifikation von G. Cuvier*, Bd. I, Köln 1838, S. 86–87.

3 Ebd., S. 77.

4 Adolf Trientl, 1885, o.A.

5 Kurt Greussing, „Wie die Kuh zur Sau gemacht wird – Agro-SAUrier, EU-Agrarpolitik und Weltkulturerbe Bregenzerwald"; in: *Kultur* 4/2007, S. 14–15.

6 Ebd.

7 H.J. Schaltenbrand (Hg.), *Büffon's sämmtliche Werke*, a.a.O., S. 88.

Der Betrieb ist nach Gesichtspunkten der Rinderbiographie organisiert. In der „Abkalbestation“ stehen Kühe mit riesigen geschwollenen Eutern auf frischem Stroh. Manche liegen. Eine Kuh ist beim Kalben. Drei bis fünf Stunden nach ihrer Geburt werden die Kälber von den Muttertieren getrennt und in einer „Säuglingsabteilung“ untergebracht, in einer der vielen nebeneinander stehenden Boxen. Die Kälbchen wirken verloren. Einer der Angestellten ist damit beschäftigt, die Temperatur einiger Kälber rektal zu messen. Er bedient sich einer einfachen Gummischlaufe, um das Thermometer am Schwanz des Kalbes zu befestigen. Bereits hier wird deutlich, dass das Leben dieser Tiere in höchstem Maß medikalisiert ist. Alle Kälber tragen gelbleuchtende Ohrmarken. Statt eines Namens haben sie eine Identifikationsnummer. In diesen Kälbergruppen befinden sich keine Stierkälber. Diese werden an Betriebe verkauft, die sich auf Kalb- oder Rindfleisch spezialisiert haben. Beginnt sich die Verdauung der Kälber auf faserhaltige Nahrung umzustellen, wechseln sie in einen Laufstall, in dem mit Einstreu nicht gegeizt wird. Haben sich die Kälber zu Jungrindern entwickelt, wechseln sie in einen eigenen, einige Kilometer entfernten Stall. Hier beweiden sie ein Hügelgebiet, welches sich maschinell nicht rentabel bewirtschaften lässt. Einzig in dieser Zeit wird ihnen während ihres kurzen Lebens Auslauf zugestanden. Ihre Umstellung auf die Laufstallhaltung bedarf eines eigenen Curriculums. Als „werdende Mütter“ müssen sie sich erst an die Enge des Stalles und an die vielen Tiere gewöhnen. Nach dem ersten Kalben werden die Jungkühe in den eigentlichen Laufstall eingefügt, in dem sie den Rest ihres Lebens verbringen. Neben diesen unterschiedlichen Bereichen, die jedes Rind im Laufe seines Lebens durchläuft, finden sich noch Kranken- und Besamungsstationen, auch eine Abteilung für jene Kühe, die als unrentabel aussortiert werden. Es ist eine einfache Rechnung. Jede neu eingefügte Kuh erfordert einen Abgang. Das Leben heutiger Rinder ist kurz. In der Regel endet das einer Kuh, noch ehe sie ihre Zähne ganz auszubilden vermochten. Betrachtet man an Landwirte gerichtete Werbung von Agrarkonzernen, dann fällt auf, dass in der Werbung die Kuh wie andere Tiere durch „wissenschaftliche" Tabellen und Schemata – objektiviert wird, während die Technik, Computer, Identifikationssysteme etc. subjektiviert, ästhetisiert und emotional aufgeladen werden: „Dadurch findet auf der Zeichenebene eine Umkehrung des realen Sachverhalts statt: Das Tier wird leblos, tendiert zur Maschine, während die technischen Instrumente lebendig werden."[1] Ein computergesteuerter Kuhstall stellt die Frage nach dem Lebendigen neu. Im ersten Augenblick denken wir an Kühe, dann vielleicht an die vielen Fliegen oder an Mikroorganismen. In unserem Verständnis kann nur lebendig sein, was sich aus organischen Verbindungen zusammensetzt, und dies auch nur so lange, als sich dieses Lebewesen selbst zu organisieren vermag. Ein Tierkörper, der sich im Zustand der Verwesung befindet, hat jede Fähigkeit zur Selbstorganisation verloren, kann also nicht mehr als lebendig bezeichnet werden, mag er auch anderen Lebewesen als Nahrung dienen. Zweifellos ist eine Kuh, die einen der Melkstände passiert, lebendig. Sie bewegt sich, empfindet, ihr Körper ist warm. Begibt man sich in ihre Nähe, dann scheut sie zurück oder nimmt Kontakt auf. Leidet sie an einer Euterentzündung, dann reagiert ihr Körper mit erhöhter Temperatur und so fort.

Betrachtet man die Anlage selbst als riesigen Verdauungsapparat (vielleicht wäre das Bild eines Verbrennungsmotors besser), dann kann man sehen, dass weniger die Kühe verdauen als selbst verdaut werden. Man muss sich mit den Bewegungen beschäftigen. Auf den ersten Blick sind nur zahllose Einzelbewegungen zu beobachten. Es herrscht eine gewisse Trägheit selbst dann, wenn da eine hitzige Kuh auf eine andere aufspringt oder sich dort ein Gatter nach dem Passieren eines Rindes schließt. Denkt man an die hohe Fluktuation, an die kurze Zeit, die eine Kuh durchschnittlich in solchen Anlagen verbringt, dann haben wir es mit einer sehr hohen Geschwindigkeit zu tun. Gilt es, diese Geschwindigkeit zu sehen, dann ist auf das Auge kein Verlass.
Das eigentliche Lebewesen findet sich in der technischen Anlage. Es handelt sich um einen vitalen, lebendigen Organismus. Ständig ist dieser in Bewegung, schieben sich Roboterarme unter Kuheuter, schütten Automaten Kraftfutter aus, schließen und öffnen sich Tore. Und sollte die Lufttemperatur einen gewissen Grad übersteigen, so schalten sich Ventilatoren ein, die für Abkühlung sorgen. Dieser Organismus verfügt über Skelett und Muskulatur, er kennt ein Gehirn, das die Gehirne von Kühen zur Makulatur werden lässt. Die vielen Kabel bilden das Nervensystem. Informationen laufen zum Gehirn, von dort werden wieder periphere Reaktionen ausgelöst. Da wird Nahrung aufgenommnen (Tiere, Silage, Sojaschrot, Antibiotika, Wasser, Energie, Embryonen etc.), dort wird das, was den riesigen Verdauungstrakt passiert hat, ausgeschieden (Milch, Kühe, Mist). Es gibt unterschiedlichste Gefäßsysteme, ja selbst ein Abwehrsystem. Auch eine Lunge fehlt nicht. Und schließlich sei die Milchsammelstelle

als großes Euter genannt. Wir haben es mit einem vitalen Organismus zu tun, der über einen hohen Grad an Selbstorganisation verfügt. Nur eines kann er nicht, nämlich sich fortbewegen. Das Maschinenhafte hat dieser Organismus allerdings dort noch nicht ganz abgestreift, wo all seine Bewegungen und Zuckungen, mögen sie auch zentral gesteuert sein, immer nur Einzelelemente, nie aber sein Ganzes betreffen. Von allen uns bislang bekannten Lebewesen unterscheidet sich dieser Organismus insbesondere dadurch, dass ihm jede Ausdrucksmöglichkeit fehlt. Denkbar ist, dass er sich in absehbarer Zeit in Form von Tönen, die Kühe als wohlklingend oder unangenehm empfinden, dann bemerkbar macht, sollte die Tagesleistung über den Durchschnittswerten oder unter diesen liegen. Es wird noch länger dauern, bis es Kuhställe geben wird, die sich wirklich bewegen statt nur da und dort zu zucken, die sich im Zustand des Wohlbefindens ausdehnen, in Zuständen von Verstimmtheit, welcher Art auch immer, die Kühe in ihrem Inneren zusammendrücken und womöglich erbrechen.

---

1 Kathrin Oester, a.a.O., S. 53.

VERSCHIEDENE FREIHEITSKÄMPFER

Im Augenblick bewegen wir uns an jener historischen Schnittstelle, an der das Maschinelle zunehmend lebendig und das als lebend Verstandene den Gesetzmäßigkeiten der Maschine unterworfen wird. Was den Kuhstall als lebendigen Organismus betrifft, fällt auf, dass seine Lebendigkeit keinem Lebewesen nachempfunden wurde. Die Geschichte der Landmaschinentechnik zeigt nur zu gut, dass sich technologische Durchbrüche der Abkehr von Mensch- oder Tiermodellen verdanken. Die ersten Mähmaschinen versuchten noch die Bewegungen eines Mähers nachzuahmen. 1845 ließ Cyrus McCormick eine Mähmaschine patentieren, bei der sich ein Sägeblatt zwischen Fingern hin und herschob. Mag diese Erfindung noch so banal sein, so wurde hier das Mähen doch radikal neu gedacht, wenngleich in Mensch- und Tieranalogien, etwa von Zähnen oder Fingern gesprochen wurde. Von solchen Maschinen bis zu computergesteuerten Kuhställen war es freilich noch ein langer Weg.

Das neunzehnte Jahrhundert kennt zahllose Automatengeschichten. Von wirklich lebenden Maschinen war man noch weit entfernt. Oskar Panizza spottet in seiner Erzählung *Das Wachsfigurenkabinett* über die dürftigen Ergebnisse der maschinellen Simulation des Menschen. Der Erzähler erlebt in einer Schaustellerbude die Leidensgeschichte Christi als Vorführung eines mechanischen Figurentheaters und wird dabei zum Leser mehr oder weniger gut versteckter Mechanismen, die diese oder jene Bewegung, diesen oder jenen Laut zur Folge haben: „Zuerst kam ein schnurrendes Geräusch, dann hob sich die Oberlippe und zeigte zwei Reihen vortrefflich eingesetzter Zähne fest aufeinandergebissen; da die Holzpfeife, welche das schnurrende Geräusch hervorbrachte, ziemlich dicht hinter den Kiefern saß, so wurde der Ton jetzt bei geöffneten Lippen heller, hatte aber gleichzeitig einen gaumigen, holzigen Klarinettentimbre, der übrigens, wie ich glaube, beabsichtigt war; nun sprang der Unterkiefer auf, die Mundhöhle wurde sichtbar – die gleiche Feder, die dies bewirkte, mußte auch noch ein anderes Register öffnen, denn im gleichen Moment und direkt anschließend an das schnurrende ‚R' sprang ein helles, tönendes, frisches ‚Ja!' heraus, welches insofern vortrefflich konstruiert war, als jetzt der Mund durch das etwas Offenbleiben der Lippen einen zufriedenen, heiteren Ausdruck annahm, was doch mit dem bejahenden Charakter der Partikel ‚Ja!' durchaus im Einklang steht. – Nun kommen aber die Fehler hinten nachgehinkt: Nachdem die Kiefer sich wieder geschlossen, blieb die Oberlippe viel zu lang oben, da Lippe und Kiefer getrennte Mechanismen hatten; die obere Zahnreihe mit ihren breiten, wie mit dem Meißel abgehackten Zähnen gab dem ganzen Gesicht etwas peinlich Lustiges, etwas Lachendes; und als endlich die Oberlippe sich langsam herabsenkte, bekam der Mund einen solchen Eindruck des Müden, des plötzlich Erstarrenden, Leichenähnlichen, wie ihn der Künstler gewiß nicht beabsichtigt hatte."[1]

Die Geschichte der Automaten kennt viele Seiten: Zum Bemühen, das Lebendige mit Hilfe von Maschinen zu simulieren, fügt sich die Unterwerfung des Lebendigen (ob Mensch oder Tier) unter das Maschinelle. Nicht zufällig begann die Geschichte der Automaten, lässt man einmal ihre antiken Vorläufer außer acht, zu jener Zeit, als Tanzende und Soldaten einer exakten Choreographie, einem automatenhaften Verhalten unterworfen wurden. Letzteres betreffend sei Gottfried Kellers Erzählung *Verschiedene Freiheitskämpfer* (1862) zitiert.

Darin findet sich eine papierene Windmühle, ein Soldat, der sich durch langes Exerzieren den Automaten angenähert hat, dann eine Geschichte, die gerade automatenhaft abläuft. Das Maschinelle verspricht stets eine gleichförmige und kontrollierbare Bewegung. Die Geschichte lehrt allerdings, dass Automaten verrückt spielen können. Und so gerät denn auch in Kellers Erzählung alles aus den Fugen: Ist es windstill, steht das Windspiel still, der Soldat kennt ein Eigenleben und die Geschichte gerät in ein heilloses Durcheinander.
1798. Französische Truppen haben die Schweiz besetzt. Die Nidwaldner weigern sich, auf die neue Verfassung den Eid abzulegen. 10.000 Soldaten marschieren auf, um dieses Aufbegehren zu brechen. Peter Dümanet, Soldat der französischen Truppen, trägt auf dem Rücken einen Tornister. Darauf hat er eine kleine papierene Windmühle aufgepflanzt, die, geht nur ein Lüftchen, einen Mönch und eine Nonne in Bewegung setzt und diese einen unanständigen Tanz aufführen lässt. Der Soldat hatte „schon einen Ludwig XVI. gehabt mit einer Marie Antoinette, die sich, so sich der Windhaspel drehte, verbeugten und voreinander die Köpfe abnahmen und wieder aufsetzten; dann einen sitzenden Schuster, der mit dem Knieriemen den kleinen Dauphin durchwalkte und dabei die Zunge aus- und einschob.“[2] Automaten dieser Art führen, sind sie einmal in Bewegung gesetzt, eine immer gleichbleibende Bewegung aus. Ohne zu ermüden oder ihrer überdrüssig zu werden, kopulieren Mönch und Nonne, Ludwig XVI. und Marie Antoinette verbeugen sich voreinander, kaum haben sie sich die Köpfe abgenommen und wieder aufgesetzt. Die Zunge des Schusters, der den kleinen Dauphin versohlt, schiebt sich schon wieder aus dem Mund, hat sie sich eben zurückgezogen. Und am Ende jeder Minute sinkt das Haupt des Gekreuzigten

auf die Brust, um sich schon Augenblicke später wieder aufzurichten. Eine endlose Bewegung, bläst nur der Wind, treibt Wasser ein Rad an, ist die Feder der Uhr gespannt. Zerschlisse das Material nicht, so hielte die Bewegung in alle Ewigkeit an, vorausgesetzt, die nötige Energie würde zugeführt. Alle Automaten sind eine Behauptung gegen den Tod. Auch der Soldat ist eine Art Automat, eine Verdoppelung der Windmühle, die er auf seinem Tornister mit sich führt.

Den Franzosen stehen 1.600 Nidwaldner gegenüber. Es kommt zu einem Blutbad. Die Aufständischen werden vernichtend geschlagen. Was zählt da, dass die Franzosen größere Verluste zu beklagen haben. In seiner Erzählung lässt Keller Peter Dümanet in dem Augenblick auf den Nidwaldner Aloisi Allweger treffen, in dem die letzten Aufständischen versuchen, sich durch den Wald zu schlagen, nach Hause zu kommen, bei Frau und Kindern in Sicherheit zu sein oder mit ihnen zu sterben. Allweger hat all seine Kugeln verschossen, ist nur noch mit seiner Büchse bewaffnet. Er blutet aus mehreren Wunden. Peter Dümanet ist unverletzt und bewaffnet, seltsam aufgeputzt, seinen Hut hat er mit Silberpfeilen besteckt, an seinem Tornister hängen abgeschnittene Zöpfe, die durchflochten sind mit roten und weißen Bändern, um den Hals trägt er mehrere silberne Göllerketten. Billiges Beutegut, welches er niedergemetzelten Jungfrauen abgenommen hat, die hingestreckt auf ihren blutigen Sensen liegen.

Peter Dümanets Uniform verweist nicht auf ihn, sondern einzig auf das, was er wie viele andere zu tun hat. Er ist als Soldat ein Produkt langen Exerzierens, hervorgegangen aus einem formlosen Teig, hat gelernt, spontane Impulse zu beherrschen, sich in exakt vorgegebene Bewegungen einzuordnen. Doch der Exerzierplatz, vergleichbar mit den sterilen und kontrollierbaren Bedingungen des Labors, lässt sich nur bedingt auf die realen Bedingungen der Schlacht übertragen. Das Gelände kann unübersichtlich sein, die Formation sich auflösen. Zerfällt die Schlachtordnung, so streift der Soldat alle Zurichtung ab. Plündern und brandschatzen marodierende Soldaten, tritt das Maschinelle zugunsten des Individuellen zurück. Die Dressur des Soldaten verlangt geradezu nach solchen Entladungen. Wird geplündert, dann geht es nicht allein darum, den kargen Sold aufzubessern. Häuser müssen brennen, ist der Soldat doch ohne Haus, ohne Bindung, abgesehen von jenen unsichtbaren Fäden, die ihn in die Zucht genommen haben.

Kaum sind die Nidwaldner geschlagen, wird auch Peter Dümanet zum Marodeur. Aloisi Allweger soll ihm den Weg über den Berg weisen, das zusammengeraffte Beutegut tragen. Und wie es die Erzählung verlangt, führt der Weg der beiden an der hingemetzelten Klara vorbei, die Aloisi kurz zuvor unter dem Kanonendonner der anrückenden Soldaten zur Frau genommen hat. Sie war es, die ihn geschmückt hat, als er sich anschickte, die feindlichen Soldaten abzuwehren. Sie brachte ihm das weiße Hemd, band ihm die bunt gestickten Kniebänder, knüpfte ihm das scharlachrote Brusttuch zu. Sie vergaß nicht, sein langes Haar in Ordnung zu bringen. Selbst legte sie ihr bestes Kleid an, schmückte sich, „um diesen Ehrentag im Feierkleide zu durchleben und durchleiden." Sie war es, die ihm die frisch gegossenen glänzenden Kugeln gab. Ein Stück des Weges hat sie ihn noch begleitet, Hand in Hand, ihm lange nachgeblickt, bis die „wehenden Federn und Bänder an seinem Strohhut" zwischen den Bäumen verschwanden.

Nun liegt sie da, niedergestreckt auf dem grünen Moos: „Ihr roter Rock, ihre roten Strümpfe zeichneten ihren schlanken Wuchs; ihr mit Seidenblumen reich gesticktes Brustkleid war von Bajonettstichen zerrissen und durchbohrt, gleich einem Rosengärtchen, das durchgepflügt worden ist. Aber die mit blauen und roten Steinen besetzten Ketten und Spangen hingen noch darum, das Haar war noch fest geflochten und wie eben erst aufgebunden, der Pfeil, in dessen Glassteinen ebenfalls die Abendsonne blitzte, steckte noch darin, sie war also unberaubt und hatte sich wahrscheinlich gegen mehrere verteidigt, von denen der vorher tot Gefundene einer gewesen."

Peter Dümanet, nicht wissend um die Verbindung zwischen der Toten und dem, den er vor sich her treibt, denkt an mögliche Beute. Er will Klaras Sonntagsschuhe mit den hohen eisernen Absätzen. Kaum hat er sie der Toten von den Füßen gestreift, wird er von Aloisi mit eben diesen Schuhen erschlagen. Peter Dümanet endet mit seinem ganzen Aufputz in den Tiefen des Vierwaldstätter Sees. Beim Anblick von Klaras Sonntagsschuhen dachte Peter Dümanet zweifellos an seine Verlobte Babette Zulauf. Ihr wollte er sie bringen, und sei es nur als kurioses Erinnerungsstück, das sie wissen lassen sollte, etwas Besseres zu sein als die von ihr verachteten Hinterwäldler. In einer seltsamen Mechanik verschränkt sich so das Schicksal Klaras mit dem der Babette Zulauf.

Sechzehnjährig, an jenem Tag, als die Bastille gestürmt wurde, war Dümanet Teil eines wilden Haufens, einer Meute. Auf der anderen Seite Soldaten, durch langes Exerzieren geübt. Der Kommandant ließ auf die Menge das Feuer eröffnen. 80 Menschen kamen dabei zu Tode. Es gab niemand zu befreien, am Symbol entzündete sich die Wut. Aber wer immer Teil einer Meute ist, vermag das, einmal mitgerissen, nicht zu sehen. Nur wenige Tage zuvor schrie de Sade aus der Bastille dem Pöbel zu: „Sie töten die Gefangenen hier drinnen!" Am

Tag der Erstürmung sollte Madame de Sade die Manuskripte ihres Mannes abholen. Von der aufgebrachten Menge abgeschreckt, versäumte sie das historische Ereignis. Der Kommandant de Launay wurde erstochen. Auch ein Wachsoldat und ein Adeliger kamen ums Leben. Deren Köpfe wurden unter dem Gejohle des Pöbels auf Heugabeln durch die Straßen getragen, und will man es Keller glauben, so war Dümanet Teil des entfesselten Haufens. Auch soll er während der Septembermorde „ein volles Glas Menschenblut" getrunken haben. Dümanet kennt also nicht nur die Ordnung des Exerzierens, er hat auch eine archaische Seite. Diese will er abstreifen, schickt er sich doch an, sich bei Babette häuslich zu machen. Auch stehen die von ihm begangenen Greuel einer Rückkehr nach Paris entgegen. Babette sieht nur seine schöne Uniform, die lustige Windmühle, beim Tanz seine „zierlichen Sprünge und Schritte", die ganz anders sind als die von ihresgleichen, die „lediglich die Füße hinten aufwerfen wie die Füllen auf der Weide."

In Kellers Erzählung vollzieht sich alles in einer unerbittlichen Mechanik. Klara muss sterben, umkommen wie Peter Dümanet. Die einen sind das, was die anderen nicht sind. Während Dümanet Teil einer künstlich geschaffenen Formation ist, steht Aloisi Allweger für das ein, was die Gemeinschaft von ihm verlangt. Der eine befindet sich an einem für ihn völlig fremden Ort, der andere kämpft nur für das, was ihm eigen und wichtig ist. Der eine ist seriell ausstaffiert, der andere schmückt sich, mehr noch, er lässt sich schmücken, als ginge er zu seiner Hochzeit. Ehe Peter Dümanet in ihrem Haus Quartier bezog, war Babette Zulauf von ihrem Vater einem Waisenschreiber versprochen, Klara dagegen erlebte selbst das Schicksal eines Waisenkindes. Die eine sieht die Welt als Abfolge von Möglich-

keiten, die andere als Verpflichtung, und koste es auch das eigene Leben. Als ihr Verlobter nicht zurückkehrt, entscheidet sich Babette für den zuvor verschmähten und verstoßenen Waisenschreiber. Keller lässt ihr während einer illustren Schiffsfahrt auf dem Vierwaldstättersee, sie ist „wunderherrlich aufgeputzt", von einem lächelnden französischen Unteragenten ein Sträußchen Alpenrosen an den Busen stecken, während der Waisenschreiber ihre Hand haltend, von der Schönheit der Natur und der Herrlichkeit des Weihefestes spricht, und zwar genau an der Stelle, wo Peter Dümanet in den Tiefen des Sees begraben liegt. Wäre Dümanet zurückgekehrt, so säße er nun neben ihr, und sie trüge in ihrem Haar einen reich verzierten Silberpfeil.
Babette läuft dem zu, der ihr mehr verspricht. Sie heißt ja „Zulauf". Der Name Babette lässt an ein Püppchen denken, als Wortspiel auch an Bajonett, an die auf dem Gewehr aufgesetzte Stichwaffe. Tatsächlich ist Klara weniger Opfer französischer Soldaten als jener, die sie ins Land geholt haben. Babette hat sich Peter Dümanet ins Bett geholt. Das Herz der Babette Zulauf, in das Peter Dümanet mit den anmarschierenden französischen Truppen einrückt, dagegen Klaras von Bajonettstichen durchbohrte Brust, ihr zerfetztes Brustkleid, das gleich einem „Rosengarten durchpflügt" worden ist. Sich anbieten oder die eigene Jungfräulichkeit behaupten, und bedeute es den Tod.
Die sensenbewehrten (also kastrierenden) Jungfrauen, unter ihnen Klara, stecken sich in Erinnerung an Wilhelm Tell Silberpfeile ins Haar, Babette dagegen punktiert Dümanet einen von einem Pfeil durchschossenen Apfel auf den Arm, der bereits mit Dolchen, Jakobinermützen, durchbohrten Herzen und ähnlichem tätowiert ist. Er wiederum stichelt auf Babettes zierlichen weißen Arm eine phrygische Mütze, die

Kopfbedeckung der Jakobiner. Die einst von den Phrygiern getragene Mütze wurde aus einem mit der umliegenden Fellpartie gegerbten Hodensack eines Stieres hergestellt. Dümanet denkt wohl nicht daran, denn sonst müsste sich nach der antiken Vorstellung das Wesen des Stieres auf Babette übertragen. Ihr Wesen zeigt auch weiterhin, ganz anders als die sensenschwingenden Jungfrauen aus Nidwalden, keine wilden oder gar männlichen Züge, sie bleibt ein Püppchen. Etwas von der Babettschen Weiblichkeit überträgt sich dagegen auf Dümanet, und zwar spätestens in jenem Augenblick, in dem er beginnt, sich mit den abgeschnittenen Zöpfen der getöteten Mädchen wie ihrem Schmuck zu behängen. Babette Zulauf ahnt zwar, dass da etwas von einem Schneider in ihm sei, als er sich aus einer alten rotgewürfelten Bettgardine „behend ein Paar weite Pantalons für den täglichen Gebrauch" näht. Angesichts solcher Alltäglichkeit fühlt sich Babette wie „von kaltem Wasser begossen", abgekühlt und abgestoßen von dem Soldaten, der ihr so stolz und schön erschien, dessen Narben, die sie mit zitternden Fingern berührte, so viel zu erzählen schienen. Klara liest sich geradezu als Umkehrung der Babette Zulauf. Während eines Älplerfestes spielt Aloisi, ganz in grüne Tannreiser gehüllt, das „Wildmannli". Das Mädchen Klara, ihr Haar ist mit roten und weißen Bändern durchflochten, sie trägt einen reich verzierten Silberpfeil im Haar, um manches Jahr jünger als er, lehrt ihn, was die Schwächen der Frauen betrifft, das Fürchten. Und doch finden sie nach langem Warten zueinander, und sei es nur wie es die Erzählung verlangt, dass Klaras Hochzeitstag zu ihrem Todestag werde.

Kellers Erzählung liest sich heute antiquiert, mag es auch heute nicht an Menschen fehlen, denen mit aufgepflanztem Bajonett, mit eiserner Hand die „Tyrannei in der Maske der Freiheit“ einhergetragen wird. Sieht man vom vordergründigen Inhalt ab, dann erlaubt diese andere Lesarten, stellt sich etwa die Frage nach Bindung und Mobilität. Babette Zulauf wie Peter Dümanet betrachten die Welt als Sortiment, als eine Abfolge von Gelegenheiten. Empfindsam sind beide nicht. Sie sind es ebensowenig wie Oskar Panizzas leidender Christus.

---

1 Oskar Panizza, *Die Menschenfabrik und andere Erzählungen*, Berlin 1984, S. 9.

2 Gottfried Keller, „Verschiedene Freiheitskämpfer (1862)“; in: ders., *Die Leute von Seldwyla II*, Basel 1978, S. 353.

BESUCHERGALERIEN

In den Schlachthöfen von Cincinnati und Chicago gab es eigene Besuchergalerien, die an den Wänden entlang liefen oder die Hallen querten. So war es möglich, ohne sich auch nur einen Schuh schmutzig zu machen, die Verwandlung von Schweinen und Rindern in Konservendosen, Schinken, Seife oder anderes zu verfolgen. Selbst Upton Sinclair war tief von der „intensive[n] Aktivität, [dem] herrlich anzuschauenden Bild menschlicher Lebenskraft“ beeindruckt, als er von der Zuschauergalerie auf das „riesige Zirkusrund“ blickte. Die damaligen Zuschauergalerien entbehren nicht einer gewissen Ironie, wurden doch die Besucher in ähnlicher Weise einem vorgegebenen Ablauf unterworfen wie die Tiere, deren Tötung und Verarbeitung sie verfolgten. Sie bewegten sich durch eine Szenenabfolge, zweifellos eine bestens geplante Inszenierung.

Die Aufmerksamkeit der Besucher galt nicht dem Lebendigen, seien es nun Tiere, die getötet und verarbeitet wurden, oder Menschen, die in den Hallen beschäftigt waren. Sie waren fasziniert von der technischen Organisation, vom maschinellen Ablauf. Ob nun eine mechanische Vorrichtung in gleichbleibender Bewegung tote Schweine aus einem Brühkessel schöpfte oder etwa ein Zerleger in einer exakten Choreographie die ewig gleichen Handgriffe ausführte, machte dabei keinen Unterschied: „Jeder von ihnen hatte zwei Gehilfen, die ihm die Schweinehälfte auf dem Tisch zurecht schoben und festhielten, während er sie durchhackte, und danach die Teile so hindrehten, daß er sie noch einmal durchhauen konnte. Seine Axt hatte eine halbmeterlange Klinge, und er hackte immer nur einmal zu, das allerdings so geschickt und mit so genau dosierter Kraft, daß die Schneide nicht durchschlug und stumpf wurde. Die einzelnen Teile glitten durch diverse klaffende Löcher im Fußboden ins darunterliegende Geschoß: in einen Raum die Keulen, in einen anderen die Vorderviertel, in einen dritten die Seitenstücke."[1] Ähnlich bewundernd äußerte sich auch der Gartenplaner Frederick Olmsted: „Fassungslos über die Schnelligkeit, zogen wir unsere Uhren und zählten fünfunddreißig Sekunden von dem Augenblick, wo ein Schwein den Tisch berührte, bis zur Ankunft des nächsten. Leider zählten wir nicht die Anzahl der erforderlichen Schläge."[2]

Zur selben Zeit, als Menschen auf solchen Besuchergalerien fasziniert waren von der Geschwindigkeit, vom exakten Ineinandergreifen einzelner Bewegungen wie von den Möglichkeiten der Technik, geriet das Schlachten im öffentlichen Raum in Misskredit. Zum einen wurden hygienische Gründe geltend gemacht: „Trotz aller straßenpolizeilichen Vorschriften fließt das mit Blut vermischte Spülwasser noch immer in die Gossen, macht sich im Winter bei Frostwetter stets durch die auffallende Farbe des Eises in den Gossen kenntlich und erzeugt beim Thauen, namentlich in engeren Straßen, vorzugsweise aber im Sommer an heißen Tagen durch schnelle Zersetzung die Luft verpestende Ausdünstungen, die trotz Spülung aus den öffentlichen Brunnen manche Wohnung im Inneren der Stadt an Sommertagen zu einem widrigen und ungesunden Aufenthaltsorte machen."[3] Der Anblick des Tötens von Tieren, so wurde behauptet, wirke insbesondere auf Kinder verrohend, weshalb es nur in geschlossenen Räumen durchzuführen sei. Auch das Bespringen einer Kuh sollte nur noch an „gehörig abgeschlossenen" Orten geschehen „von wegen der Kinder und unberufener Leute und wohl auch bei etwas muthigen Stieren der Sicherheit wegen."[4] Zumindest in den

Städten geschah das Schlachten alsbald nur noch in geschlossenen Räumen.

Es sind mehrere Gründe zu nennen, warum solches Schlachten selbst von Menschen, die wenig Mühe hatten, die damaligen modernen Schlachthöfe zu besuchen, als zunehmend anstößig erlebt wurde. Die angeführten hygienischen Gründe beziehen sich weniger auf mangelnde Sauberkeit, sondern auf fehlende Entmischung, die zunehmend alle gesellschaftlichen Bereiche durchdrang. Das Mitgefühl mit der „geschundenen Kreatur" war nicht zuletzt davon gespeist, all das aus dem öffentlichen Raum zu verbannen, was wie der Anblick des Schlachtens zu einem ungeplanten Innehalten zwingt. Gehsteige wurden errichtet, um Fuhrwerke von den Fußgängern zu trennen und die Geschwindigkeit des Straßenverkehrs zu erhöhen. Richard Sennett schreibt, die freie Bewegung vermindere die sinnliche Wahrnehmung, die Erregung durch Orte oder die Menschen an jenen Orten. Jede Bindung an die Umgebung drohe das Individuum festzuhalten, der reibungslose Verkehr habe einen Verlust an Empfindsamkeit zur Folge.

Die kleinen Metzger, die im neunzehnten Jahrhundert noch auf städtischen Straßen schlachteten, schlachteten einzelne, bestenfalls wenige Tiere. Da war das Töten noch als solches erkenntlich. In den amerikanischen Schlachthöfen mit ihren Besuchergalerien wurden täglich tausende Tiere geschlachtet, aber an die Stelle jedes eben getöteten Tieres trat schon wieder ein anderes, folgte ein ganzer Strom lebender Schweine oder Rinder. Allein die große Anzahl von Tieren wie die enorme Geschwindigkeit, mit der sie verarbeitet wurden, ließ das Töten unwirklich werden. Das Schlachten der kleinen Metzger war noch Handarbeit, es wurde buchstäblich von Hand erledigt, was auch die Vorstellung nährte, Menschen, die diesen Beruf ausübten,

müssten grausame, zumindest rohe Menschen sein. Das mechanisierte Schlachten, gleichgültig ob dies arbeitsteilig oder maschinell geschah, nährte die Vorstellung, dieses geschehe weniger grausam, seien die Tiere doch nicht länger rohen Menschen ausgeliefert. In den modernen Schlachthöfen unserer Zeit wären solche Besuchergalerien undenkbar, und dies trotz all der Roboter, die an die Stelle von Menschen getreten sind. Sie wären auch undenkbar in der computergesteuerten Rinderhaltung wie vielen anderen Bereichen der Massentierhaltung oder Lebensmittelindustrie. Besucher, so sich welche fänden, ständen im Verdacht Keime hineinzutragen. In Ställe brächten sie Unruhe, was für die Tiere Stress bedeuten würde, für den Betreiber mit Verlusten verbunden wäre. Ob Tierhaltung oder Schlachtbetriebe, all diese Bereiche sind heute alles andere als einsehbar. Die wenigsten Menschen verfügen diesbezüglich auch nur über ein rudimentäres Wissen.
Nun wird in einer seltsamen Umkehrung eine Art biographischer Transparenz von der Geburt eines Tieres bis zum Fleischprodukt im Kühlregal behauptet: „Genaueste Herkunftskontrolle bei jedem Stück Fleisch. BILLA bezieht alle Fleischsorten nur von österreichischen Bauernhöfen. Schon dort erhält jedes Tier eine Kontrollnummer, die es jederzeit ermöglicht, die Fleischherkunft genau zu überprüfen. An BILLA werden ausschließlich ganze Schweinehälften und Rinderviertel geliefert, d.h. ohne Umweg über anonyme Zerlegebetriebe. Erst in der Filiale wird das Fleisch vom BILLA-Fleischhauer im Zerlegeraum fachgerecht zerlegt und verpackt. Die BILLA-Bauernhofgarantie gilt übrigens für alle Fleischsorten.“[5]
Heute bedürfte es zahlloser Besuchergalerien. Bedauerlicherweise stellen sich Menschen in Museen vor in

Formalin getauchten Kühen an, obgleich in Industrie- oder Schlachtbetrieben wie in der Rinderhaltung die erstaunlichsten Installationen mit zahllosen Bewegungen zu betrachten wären, und all das mit einer sich selbst produzierenden eindringlichen Musik, die kein Komponist zu schaffen vermöchte. Die Menschen treibt es nicht in solche Anlagen und die Betreiber tun alles, um fremde Besucher fernzuhalten. Man hat sogar Mühe, will man etwas von Herstellern erfahren, die Melkautomaten, Tieridentifikationssysteme oder ähnliches produzieren. Warum sollten Störungen, die bei Melkkarussellen auftreten, ein Geheimnis sein? Während das Lebendige jede Diskretion verliert, hüllt sich heute das Technische in den Mantel der Diskretion.

1 Upton Sinclair, *Der Dschungel*, Berlin und Jossa 1980, S. 55.

2 Zit. nach Sigfried Giedion, *Die Herrschaft der Mechanisierung*, Frankfurt am Main 1987, S. 246.

3 Schlachthausbefürworter 1860, zit. nach Jutta Buchner, *Kultur mit Tieren. Zur Formierung des bürgerlichen Tierverständnisses im 19. Jahrhundert*, Münster 1994, S. 77–78.

4 Adolf Trientl, *Zur Viehzucht*, Kalender 1875.

5 Werbebroschüre der Lebensmittelkette BILLA, 2000.

BEDÜRFNIS UND KONTROLLE

Werden Verhaltensdispositionen analysiert, dann lässt sich bereits mit denkbar geringem Einsatz gewünschtes Verhalten höchst effizient organisieren. Beispielsweise können die Kunden in Lebensmittelgeschäften über einen simplen Münzmechanismus veranlasst werden, ihre Einkaufswagen wieder an den dafür vorgesehenen Ort zu stellen. Über den Wert der Münze allein ist dies nicht zu erklären. Wenn wir das Gefühl haben, eine Handelskette würde an uns verdienen, dann wollen wir dieser nicht auch noch das Pfand überlassen. Dabei verhalten wir uns im Interesse der Handelskette. Computergesteuerte Kuhställe machen sich systematisch Verhaltensdispositionen und vitale Bedürfnisse des Rindes zunutze. Effizienz setzt dabei eine große Anzahl ähnlicher Individuen voraus. Im Humanbereich lassen sich Erkenntnisse des Herdenmanagements insbesondere dort anwenden, wo es gilt, Menschen zu bewirtschaften, die ähnliche Dispositionen aufweisen und von denselben starken Bedürfnissen getrieben sind. Das gilt etwa für Opiatabgabeeinrichtungen.

Der Kunde geht zu einem der Schalter, reicht einem der Angestellten seine Ecard durch ein Fenster der Glasfläche. Dieser nimmt die Karte und schiebt sie in den Schlitz eines Computers. Auf dem Monitor erscheint das Gesicht des Kunden und das Stammdatenblatt mit verschiedenen Angaben zu Identität, Gewicht, Größe, Zuordnung zu einem bestimmten Programm. Jeder Kunde ist auf eine bestimmte Opiatmenge eingestellt, die er sich ein oder zwei Mal am Tag geben lassen kann. Ist jemand seit zwei oder drei Tagen nicht in die Abgabestelle gekommen, dann reduziert sich die Menge automatisch, um einer Überdosierung vorzu-

beugen. Wurde er mehrere Tage nicht registriert, hat er sich zu rechtfertigen, länger als eine Woche nicht, hat er mit einem der diensthabenden Ärzte zu sprechen. Automatische Dosiersysteme geben das Opiat entweder in einen mit etwas Sirup gefüllten Becher ab oder ziehen eine Spritze auf. Der Angestellte tippt sein okay in den Computer und händigt das Opiat mit der Magnetkarte dem Kunden aus, der unter Sichtkontakt den Becher trinken oder sich die Injektion verabreichen muss. Die abgegebene Menge des bestimmten Suchtgiftes sowie Datum und Uhrzeit werden automatisch gespeichert.
Der Bereich hinter dem Schalter ist den Angestellten, der andere Bereich den Kunden zugeordnet. Auf der einen Seite bewegen sich jene, die abhängig sind, auf der anderen Seite jene, die nicht abhängig sind. Die einen betreuen, die anderen werden betreut, die einen sind gesund, die anderen krank. Auf der einen Seite wird dokumentiert, kontrolliert und ausgegeben, auf der anderen konsumiert. Dem Personal sind technische Geräte zugeordnet, die Kunden dagegen sind auf ihren eigenen Körper zurückgeworfen. Der Raum zerfällt in einen klinisch sauberen und „schmutzigen" Bereich. Selbstverständlich verfügt das Personal über Toiletten, zu denen die Kunden keinen Zugang haben.
Die Grundstruktur erinnert an eine Bank. Es gibt einen Schalter, Computer, Magnetkarten. Und wie in einer Bank befinden sich hinter dem Schalterraum Räume, die dem Personal zugeordnet sind: ein Personalraum, ein Besprechungsraum, ein Raum für das ärztliche Personal, zwei Räume für Psychologen, ein Raum für den Sozialarbeiter. Wie Kunden in einer Bank werden einzelne bei besonderen Anliegen, etwa beim Wunsch, in das Programm aufgenommen zu werden, in einen dieser Räume vorgelassen, nie jedoch in den Schalterraum

selbst. Wie in jeder Bank beschränkt sich hier der Kontakt weitgehend auf den Schalterverkehr. Die „Diskretzone" darf nicht fehlen. Ähnlich wie in einer Bank sind hinter der Absperrung Objekte des Begehrens in Überfülle vorhanden, mit dem einen Unterschied, dass dort große Mengen an Geldscheinen, hier dagegen Kanister und Kartons mit Opiaten gelagert sind. Auch hier sind diese Objekte bestens gesichert. Wie die Bankomatkarte berechtigt, Geld abzuheben (sofern das Konto gedeckt ist oder der Überziehungsrahmen eingehalten wird), so berechtigt hier die Ecard zum Bezug von Opiaten, sofern der Kunde sich an vorgegebene Regeln hält. Die Verbindung der Beschäftigten zu jenen Bereichen, die von den Kunden benutzt werden, beschränkt sich weitgehend auf die visuelle Kontrolle. Dieser Bereich wird im Rahmen eines Beschäftigungsprojektes von Betroffenen betreut. Sie sorgen für Ordnung, wischen die Tische ab, füllen den Cola-Automaten nach, putzen die Toiletten. Da in diesem Bereich der Konsum anderer Drogen, Dealen usw. verboten ist, haben sie die Aufgabe, diejenigen, die sich nicht an die Regeln halten, aufzufordern, die Einrichtung zu verlassen. Die Abgabestelle ist täglich sechs mal eine halbe Stunde geöffnet. So wird vermieden, dass die Einrichtung als Aufenthaltsraum benutzt wird. Dies schafft Distanz. Auch sind die Betroffenen gezwungen, ständig in Bewegung zu bleiben.

Es herrscht ein Klima scheinbarer Objektivität. Auch wenn die abgegebene Dosis variieren kann, so werden alle gleich behandelt. Es gibt kein Feilschen und kein Handeln um eine bestimmte Dosis. Über die Abgabemenge entscheidet keine Person, sondern ein Computerprogramm. Lässt sich der Nutzen des Programms auch an Einzelschicksalen erklären, so kennt das Programm – trotz aller Individualisierung – letztlich keinen einzelnen Menschen. Wer immer in das Programm aufgenommen wird, ist Teil eines Sortiments. Dank eines Programmes ist die Abgabe von Opiaten nicht mehr an einzelne Personen gebunden, mehr noch, im Idealfall wird selbst das Betreuungspersonal überflüssig, ähnlich wie in Banken, die man als Kunde auch nachts betreten kann, ohne dass sich ein einziger Mensch darin befindet. Die Datenvernetzung erlaubt es, dass der Abhängige auch andere Einrichtungen aufsuchen kann.

An den Wänden des Konsumraumes hängt kein einziges Bild. Es handelt sich um einen Ort ohne jedes Pathos. Hier gilt kein Versprechen, alles, selbst die Kontrolle ist in nüchterner Weise offensichtlich. Enttäuschungen sind ausgeschlossen. Gerechtigkeit, eine Tugend, die bislang dem Menschen zugeschrieben wurde, verdankt sich nun einer Maschine. Allerdings lassen sich die Abläufe nur dank vitaler Bedürfnisse so steuern. Würde Heroin nicht mehr kosten als Tabak, es funktionierte nicht. Eine völlige Liberalisierung des Marktes und damit ein Preisverfall im Drogenbereich würde dieses System unmöglich machen. Es ist nur denkbar dank einer künstlich geschaffenen Mangelsituation. Im Junkie manifestiert sich das Ideal des Kunden, steht er doch in einem vitalen Abhängigkeitsverhältnis zum Produkt seines Begehrens. Bereits William S. Burroughs wies in seinem Buch *The Naked Lunch* (1959) darauf hin. Nach Burroughs verdankt sich der Erfolg des Dealers drei Regeln: 1. Never give anything away for nothing. 2. Never give more than you have to give (always catch the buyer hungry and always make him wait). 3. Always take everything back if you possibly can.

Der Kunde ist also nicht König, sondern ein Objekt der Steuerung. Der Unterschied zu computergesteuerten

Kuhställen ist nicht sehr groß. Da wie dort werden vitale Bedürfnisse genutzt, Kraftfutter oder Opiate. Da wie dort gilt es zu warten, wird identifiziert, subjektbezogen ausgeschüttet. Es ist eine negative Geldlogik, nicht allein deshalb, weil Geld in sinnlich wahrnehmbarer Form fehlt. Entscheidend ist, dass es keine wirkliche Wahlmöglichkeit zwischen unterschiedlichen Angeboten gibt. Die einzelnen Kunden müssen zwar keine Gegenleistung in Form eines Geldbetrages erbringen, das abgegebene Opiat wird mit bestimmten Verhaltensvorschriften, die es einzuhalten gilt, gegenverrechnet. Der Bezug ist strikt reglementiert. Der einzelne verfügt über ein Konto, nicht aber über ein Guthaben. Er vermag nichts einzubringen als seine Defizite. Und nicht zufällig erhöht sich die Abgabetoleranz, je mehr Defizite jemand hat. An die Stelle des Beichtregisters ist das Defizitregister getreten. In dieser negativen Geldlogik wird das abgegebene Opiat in Beziehung zu jenen Kosten gesetzt, die der öffentlichen Hand als Folge von HIV-Infektionen, Begleitkriminalität, durch den Verlust der Wohnung oder des Arbeitsplatzes anfallen.

Das Computerprogramm als übergeordnete und vollkommen „neutrale" Instanz unterwirft nicht allein den einzelnen Kunden, sondern auch die Beschäftigten einer rigiden Kontrolle. Damit die Apparatur funktioniert, ist nicht nur die Ecard des Kunden notwendig, sondern auch ein Identitätsstift des Sachbearbeiters. Immer ist dokumentiert, wer an wen welche Substanz abgegeben hat. Mag der Identifikation und Kontrolle noch so viel Beachtung geschenkt werden, solche Orte sind ebenso austauschbar wie die Menschen, die sie frequentieren. Es handelt sich um Orte, die nicht geschichtsstiftend zu wirken vermögen. Sie schaffen einzig eine gemeinsame Identität jener, von denen sie frequentiert werden. Und schließlich: Wer immer ein Kunde ist, ist allemal Gegenstand der Bewirtschaftung. Ob wir nun Kreditnehmer, Konsumenten oder Patienten sind, wir werden ähnlich bewirtschaftet wie Kühe, mag auch die Bewirtschaftung, der wir unterworfen werden, zumeist moderater sein. Dennoch geschieht sie nach denselben Regeln. Verhaltensdispositionen sind ebenso von Bedeutung wie individuell gesammelte Daten. Wie Kühe werden auch wir als Kunden ständig in Bewegung gehalten. Da wie dort wirkt diese Bewirtschaftung segregierend.

DER ROBOTER KENNT DIE KUH

Eine Herde lässt sich nur dann maschinell bewirtschaften, gelingt es, diese in eine Ansammlung von Einzeltieren aufzulösen. Liegeboxen, Melkroboter, Kraftfutterstationen, Absperrungen und Tore, die sich öffnen oder schließen, kennen keine Herde, sie kennen stets nur Einzeltiere. Grundlegende Voraussetzung für die Steuerung all der Abläufe ist die Möglichkeit, jedes der Tiere elektronisch zu identifizieren, was mit Hilfe von Transpondern möglich ist.[1] Ob solche Transponder implantiert (Injektat), an den Ohren, am Hals oder an einem der Beine befestigt werden, ist von nebensächlicher Bedeutung. Kühe tragen sie in der Regel an einem Halsband oder als Pedometer.

Passiert eine Kuh einen der Melkautomaten, so werden automatisch Leistungsdaten wie Milchmenge, Fett- und Eiweißgehalt erhoben. Aufgrund der Leitfähigkeit der Milch lässt sich auf eine Euterentzündung schließen. Die am Melkstandausgang platzierte Tierwaage kontrolliert die Lebendmasse jeder einzelnen Kuh und liefert zusätzliche Daten zur gezielten Tierüberwachung und Fütterung. Das Computerprogramm errechnet aus unterschiedlichen Parametern die für das einzelne Tier optimale Menge und Mischung des Futters. Der Kraftfutteranspruch ergibt sich aus der Milchleistung. Die genau dosierte Abgabe schließt jeden „Luxuskonsum" aus. Wird das an der einzelnen Kuh befestigte Identifikationssystem mit einem Pedometer gekoppelt, lassen sich zudem die Aktivitätsmuster der Kühe erfassen. Aufgrund der so erhobenen Parameter lässt sich zuverlässig auf Brunst schließen. Ein unter dem errechneten Durchschnitt liegendes Aktivitätsmuster deutet auf eine Erkrankung und ermöglicht

eine frühzeitige Behandlung. Dies bedeutet eine höhere „Rentabilität" bei jeder einzelnen Kuh.
Kühe produzieren, ohne dass sie eine Ahnung davon haben, ständig Text, wenn auch mit Hilfe von Maschinen; gleichzeitig sind sie wieder Gegenstand der Beschriftung. Ein Computerprogramm verrechnet die gesammelten Daten mit anderen auf das einzelne Tier bezogenen Daten (Laktationsperiode, Trächtigkeit etc.) wie Durchschnittswerten. Das Programm „entscheidet", ob sich Gatter öffnen oder nicht, wie viel Kraftfutter ausgeschüttet wird oder über tierärztliche Behandlungen. In letzter Konsequenz entscheidet es, wann eine Kuh schlachtreif ist. Und die Anzahl der erfassten Tiere, so versichert ein Hersteller, ist nur durch die Festplattengröße begrenzt.
Heutige Hochleistungskühe sind einer strikten bürokratischen Ordnung unterworfen. Was mit „Ahnentafeln", „Herdenbüchern" oder „Stammbäumen" begann, erfährt heute seine ultimative Steigerung dort, wo die rund um die Uhr gesammelten Daten unmittelbar verarbeitet werden, und zwar von einer Maschine, einer keineswegs neutralen, aber doch höchst sachlichen Instanz. Max Weber sah in der bürokratischen Organisation deren „rein *technische* Überlegenheit" gegenüber jeder anderen Form der Herrschaftsausübung: „Ein voll entwickelter bürokratischer Mechanismus verhält sich zu diesen genau wie eine Maschine zu den nicht mechanischen Arten der Gütererzeugung. Präzision, Schnelligkeit, Eindeutigkeit, Aktenkundigkeit, Kontinuierlichkeit, Diskretion, Einheitlichkeit, straffe Unterordnung, Ersparnisse an Reibungen, sachlichen und persönlichen Kosten sind bei streng bürokratischer, speziell: monokratischer Verwaltung durch geschulte Einzelbeamte gegenüber allen kollegialen oder ehren-

und nebenamtlichen Formen auf das Optimum gesteigert. [...] Vor allem aber bietet die Bürokratisierung das Optimum an Möglichkeit für die Durchführung des Prinzips der Arbeitszerlegung in der Verwaltung nach rein sachlichen Gesichtspunkten, unter Verteilung der einzelnen Arbeiten auf spezialistisch abgerichtete und in fortwährender Übung immer weiter sich einschulende Funktionäre. ‚Sachliche' Erledigung bedeutet in diesem Fall in erster Linie Erledigung ‚ohne Ansehen der Person' nach *berechenbaren Regeln.* [...] Die Bürokratie in ihrer Vollentwicklung steht in einem spezifischen Sinn auch unter dem Prinzip des ‚sine ira ac studio'. Ihre spezifische, dem Kapitalismus willkommene, Eigenart entwickelt sie um so vollkommener, je mehr sie sich ‚entmenschlicht', je vollkommener, heißt das hier, ihr die spezifische Eigenschaft, welche ihr als Tugend nachgerühmt wird: die Ausschaltung von Liebe, Haß und allen rein persönlichen, überhaupt allen irrationalen, dem Kalkül sich entziehenden Empfindungselementen aus der Erledigung der Amtsgeschäfte, gelingt. Statt des durch persönliche Anteilnahme, Gunst, Gnade, Dankbarkeit, bewegten Herrn der älteren Ordnungen verlangt eben die moderne Kultur, für den äußeren Apparat, der sie stützt, je komplizierter und spezialisierter sie wird, desto mehr den menschlich unbeteiligten, daher streng ‚sachlichen' Fachmann."[2]

Heutige Hochleistungskühe werden tatsächlich nach „berechenbaren Regeln", nach „rein sachlichen Gesichtspunkten" bewirtschaftet. Es bedarf nicht einmal eines „menschlich unbeteiligten, daher streng sachlichen Fachmannes", lässt sich die Verwaltung doch nicht nur arbeitsteilig, sondern tatsächlich maschinell organisieren. Max Weber konnte sich wohl nicht vorstellen, dass dies nahezu ohne jede Zeitver-

→ Ob eine Kuh brünstig, gesund oder krank ist, das musste ein Bauer früher sehen. Er beurteilte das Befinden eines Tieres an der Fresslust, am Verhalten oder an der Temperatur ihrer Hörner. Heute geben Automaten über den Zustand eines Tieres Auskunft: „Keiner weiß mehr über Ihre Kühe als FULLEXPERT." Auffallenderweise haben die meisten der hier abgebildeten Hochleistungskühe ein Gesundheitsproblem. Abb. aus einer Werbebroschüre der Firma Lemmer-Fullwood, 2005.

zögerung möglich ist, auch nicht, dass sich die Objekte der Verwaltung ohne Widerstand einfügen, obwohl diese einzig zu ihrer Steuerung und Ausbeutung dient. „Kühe sind Individuen, und VMS von DeLaval behandelt sie als solche – ohne Kompromisse."[3] Das hört sich gut an. Die Aufmerksamkeit gilt jedoch nicht dem einzelnen Tier, sondern dessen Individualisierung, den Abweichungen von errechneten Durchschnittswerten. Paradoxerweise wird die Herde zwar konsequent in eine Abfolge von Einzeltieren aufgelöst, letztlich verschwindet aber jedes einzelne Tier in einem abstrakten Ganzen, in Vorgaben, Umsätzen oder Gewinnen. Die Rinder werden tatsächlich ohne Kompromisse behandelt.

---

1 RFID-Transponder: RFID: Radio Frequency Identification. Die Reichweite von Transpondern, die in sehr unterschiedlichen Bereichen zur Anwendung kommen, beträgt je nach Ausführung (aktiv/passiv) von wenigen Zentimetern bis derzeit max. 1.000 Metern.

2 Max Weber, *Wirtschaft und Gesellschaft. Grundriß der verstehenden Soziologie*, Tübingen 1976, S. 561–563.

3 DeLaval, *VMS – das automatische Melksystem von DeLaval*, Werbebroschüre 2007.

IM AUTOMATENZEITALTER

Für die Bedürfnisse der Kühe ist gesorgt. Es wird sogar behauptet, ihr Tod geschehe schmerzlos. Wenn es in der Literaturgeschichte einen Roman gibt, in dem die menschliche Gesellschaft nach vergleichbaren Kriterien und Überlegungen organisiert ist, dann ist Ri Tokkos *Das Automatenzeitalter* (1931) zu nennen. Im Jahr 2500 führen alle Menschen ein sorgenfreies Leben. Dank systematisch praktizierter Züchtung sind Krankheiten äußerst selten geworden. Die Frauen, infolge sorgsamer Auslese von besonderer Schönheit, gebären nicht, würden doch so ihre vollendeten Körper, und sei es nur vorübergehend, entstellt. Die Fortpflanzung geschieht ektogenetisch. Die Früchte wachsen in sogenannten „Uteratoren" heran. Ihre sorgfältig geplante Produktion geschieht maschinell und automatisch. Eltern gibt es nur noch im biologischen Sinn, liefern sie doch einzig die Geschlechtszellen. Sie bekommen sich weder gegenseitig zu Gesicht, noch erfahren sie je, ob und welches Kind sich ihren Anlagen verdankt. Mädchen werden von Beginn an alle Mutterinstinkte abtrainiert, so dass Frauen, sollten sie zufällig einmal eine Geburtenabteilung besuchen, höchst unwissend im Umgang mit Säuglingen sind. Der Mensch ist nicht mehr das Produkt zufälliger Umstände, sondern das Ergebnis sorgfältiger „Veredelungsarbeit", also mehr ein Kunst- als ein Naturprodukt: „Der Mensch von heute ist ein Werk des Menschen."[1] Die Technik ist so weit entwickelt, dass menschliche Arbeit, abgesehen von Ehrenämtern, überflüssig ist. Arbeiten, die sich nicht gänzlich automatisieren lassen, werden von „Homaten" erledigt, von Robotern mit menschenähnlichem Aussehen und Verhalten. Jedem stehen drei Homaten als persönliche Diener zur Verfügung. Ob Wohnung, Nahrung, Kleidung

oder ärztliche Behandlung, kein Mensch braucht sich darum zu kümmern. Ri Tokko dachte, all das werde mit Hilfe der Technik dereinst möglich. Er dachte außerdem, in dieser fröhlichen Gesellschaft der Zukunft, in der die Menschen nur noch zu ihrem Vergnügen lebten, bedürfe es aber auch der Technik, jeden einzelnen Menschen einer ständigen Kontrolle zu unterziehen.
Zurecht gilt Ri Tokkos *Automatenzeitalter* als eines der wichtigsten Werke der deutschsprachigen Science Fiction der dreißiger Jahre, finden sich doch darin eine Vielzahl höchst originärer Überlegungen eines Technikbesessenen. Als spannendste Kapitel sind wohl jene zu nennen, in denen Ri Tokko ausgehend von detaillierten technikgeschichtlichen Exkursen über künftige Entwicklungen schreibt. Literarisch ist der Roman kaum von Bedeutung: „Die Figuren schrumpfen zu Stichwortgebern und Textgeneratoren und blättern im unpassendsten Kontext Themen auf, die dem Autor sinnvoll erscheinen.“[2] Dies ist jedoch weniger eine Frage schriftstellerischen Könnens, sondern ist im Roman selbst angelegt. Wie könnten Menschen, deren Bedürfnisse vollkommen befriedigt sind, die weder Krankheit, Schmerz und Tod, ja nicht einmal Leidenschaften kennen, Kontur gewinnen. Ri Tokkos glückliche Menschen, so es sie gäbe, müssten wohl von einer schrecklichen Langeweile geplagt sein. Sie sind vor allem Konsumenten, die damit beschäftigt sind, Tasten zur Befriedigung ihrer Bedürfnisse zu drücken, gleichgültig, ob es sich nun um erlesenste Delikatessen oder um Kleidungsstücke handelt. Ihnen mangelt es an Zukunftsvorstellungen.
Zur Grundausstattung jeder Wohnung zählt ein „Hygienograph“. Jeder hat sich täglich einer Untersuchung zu unterziehen. Hat der „Delinquent“ die Zellentür des Hygienographen hinter sich geschlossen, so wird er

„von hundert Klammern gepackt", beklopft und auch auf andere Weise untersucht. Die so gesammelten Daten werden automatisch an die „hygienische Zentrale" übermittelt und dort mit Hilfe von „registrierenden Apparaten" dokumentiert und durch „automatische Vergleichsapparate" ausgewertet. Das erstellte „Hygienogramm" gibt Aufschluss über den Gesundheitszustand, über jede Abweichung von den Normalwerten: Körpertemperatur, Körpergewicht, Zahl und Stärke des Pulses, Zahl und Kapazität der Atemzüge, Elektrokardiogramm. Zur Perkussion und Auskultation ist der Hygienograph mit kleinen, mikrophonbestückten Hämmerchen ausgestattet. Der Apparat eignet sich selbst, Proben unterschiedlicher Körperflüssigkeiten wie Harn, Blut, Magensaft oder Sputum zu gewinnen und bakteriologisch und chemisch zu untersuchen. Nicht nur der ganze Stoffwechsel, auch Nerventätigkeit und Gedächtnis sind einer ständigen Kontrolle unterworfen. Und wie bei einer heutigen Gesundheitsuntersuchung findet auch eine Befragung statt: „Bestehen Schmerzen oder Beschwerden? Wie ist die Verdauung, wie der Schlaf?" Während der Untersuchung wird der nackte Körper mit dem Desinfektionsmittel „Mortol" begast, mit Wechselströmen und mit ultravioletten Strahlen behandelt. Mortol wird auch inhaliert wie eine lauwarme Mortollösung stets zum Gurgeln verfügbar ist. Bereits in Edward Morgan Forsters Erzählung *Die Maschine bleibt stehen* (1909) findet sich ein mechanischer Arzt. Bereits bei kleinsten Beschwerden senkt sich „ein gewaltiger Apparat von der Decke herab", um ein Thermometer automatisch zwischen die Lippen zu führen, ein Stethoskop auf das Herz zu legen oder Medizin „in den Mund zu projizieren."[3] Mögen computergesteuerte Kuhställe auch nicht so perfekt organisiert sein, die Grundstruktur ist

dieselbe: extreme Individualisierung, systematische Datenerhebung, Verrechnung mit Durchschnittswerten, vor allem aber ein System, welches sich der Befriedigung von Bedürfnissen verdankt.
In seinem Roman *Das große Wagnis* erwähnt Max Brod einen Apparat, der der Gedankenkontrolle dient. Wo immer Menschen während ihrer Arbeit sitzend oder stehend an einem Ort verharren, ob in Fabriken oder Büros, sind sie „mit einer Schnalle aus Filz an den Fußboden gefesselt." Eine vergleichbare Vorrichtung tragen heutige Kühe, wenn auch mit dem Unterschied, dass sie in ihrer Bewegung nicht behindert werden. Die von Brod beschriebene Schnalle aus Filz eignet sich nicht dazu, die Gedanken selbst zu lesen, sondern erlaubt einzig mit Hilfe eines Parameters sichtbar zu machen, ob ein Arbeiter mit seinen Gedanken bei der Sache ist. Entsprechend der Erkenntnis eines Schülers von Frederick Taylor schwankt der Blutdruck dann am wenigsten, wenn Arbeiter oder Büroangestellte konzentriert arbeiten. Abweichungen von der „optimalen Kurve" lassen sich von einer an der Fußspange befestigten Uhr ablesen. Wie Taylor die Reglementierung der Körperbewegungen im Interesse der Arbeiter begründete, so wird auch hier behauptet, die Fußfessel habe man im Interesse der Arbeitenden eingeführt, die so „erzogen werden sollen, mit ihren Nervenkräften sparsam hauszuhalten. [... Auch liege] die wahre Freiheit in der freiwilligen Unterwerfung unter die Disziplin einer großen Idee."[4] Tatsächlich widersetzen sich die so Gefangenen dieser „wahren Freiheit" und schielen unter den Blicken des Saalaufsehers ständig auf die an ihrem Fuß befestigte verräterische Uhr. Es kostet sie Mühe, während ihrer mechanischen Arbeit keinen Augenblick an anderes zu denken. Es ist, als trieben „unsichtbare Faustschläge ihre flache Brust einwärts".

Dennoch werden Nähnadeln, Bleistifte, Zwirnsträhnen, Webware, Geschosse, addierte Ziffernkolonnen in befriedigend gesteigertem Ausmaße abgeliefert.
Ri Tokkos glückliche Menschen der Zukunft glauben dagegen, ihre Freiheit verdanke sich ihrer freiwilligen Unterwerfung unter die Disziplin einer großen Idee. Und wer immer vom vorgegebenen Ideal abweicht, etwa erblindet, und sei es durch fremde Schuld, begibt sich denn auch aus eigenem Antrieb in die „Halle des Vergessens", und zwar nicht in Begleitung von Menschen, sondern einer Maschine: „Behutsamen Schrittes erklimmen die Stufen, welche zu diesem Tor hinaufführen, zwei Gestalten: Geführt von einem Homaten steigt tastenden Fußes eine Erblindete, eine Binde über den erloschenen Augen, langsam die Stufen hinauf. [...] Da öffnet sich das Tor. Langsam drehen sich die gewichtigen Flügel knarrend in verrosteten Angeln. Von dem Lichtschein, der aus der Türöffnung fällt, hebt sich deutlich die Silhouette der Blinden ab. Kein Zweifel, es ist Met, die Erlösung sucht!"[5]

---

1 Ri Tokko [= Ludwig Dexheimer], *Das Automatenzeitalter. Ein prognostischer Roman*, Berlin 2004 (1931), S. 674.

2 Ralf Bülow im Vorwort zu Ri Tokko, ebd, S. 10.

3 Edward Morgan Forster, „Die Maschine bleibt stehen"; in: Erik Simon / Olaf R. Spittel (Hg.), *Duell im 25. Jahrhundert. Geschichten von glücklichen Welten und kommenden Zeiten*, Berlin 1987 (1909), S. 384–429.

4 Max Brod, *Das große Wagnis*, Leipzig und Wien 1918, S. 107.

5 Ri Tokko, a.a.O., S. 721.

TEXTPRODUKTION, BESCHRIFTUNGEN

Bei Ri Tokko ist der Körper Gegenstand ständiger Lektüre, in Kafkas Erzählung *In der Strafkolonie* (1914) dagegen Objekt einer langwierigen Beschriftung. Der „eigentümliche Apparat" seiner Erzählung sei deshalb erwähnt, nennen doch die Bewohner von Ri Tokkos Automatenstadt den Hygienographen scherzhaft „Folterkammer" oder „eiserne Jungfrau", ist von „Delinquenten" die Rede. Bei einer „eisernen Jungfrau", auch „Unbefleckte" oder „Jungfer" genannt, handelt es sich um eine aus Holz oder Metall gefertigte glockenförmige Figur mit weiblichem Kopf, die sich ähnlich wie eine Schreinmadonna aufklappen lässt. Ihr Inneres ist mit Eisenspitzen besetzt, die so angeordnet sind, dass sie, werden die Flügel geschlossen, lebenswichtige Organe des darin eingeschlossenen Delinquenten treffen, neben den Augen auch die „Wurzel des Gliedes". Da es sich bei der eisernen Jungfrau um ein Fantasieprodukt des neunzehnten Jahrhunderts handelt, ziehe ich jene vor, die in Sagen erwähnt wird. Eine dieser Sagen berichtet von einem Ritter, der vorbeireisende Kaufleute gastfreundlich aufnimmt. Nachts wirft er sie in einen Turm, in dem sich ein großes, mit Messerschaufeln besetztes Rad befindet, das sich bei der leisesten Berührung in Bewegung setzt und den Körper nicht viel anders zerstückelt, als dies in Geflügelzuchtbetrieben mit überzähligen, schwachen oder falschgeschlechtlichen Küken im „Allesmuser" geschieht. Der Ritter kann sich auch einer eisernen Jungfrau bedienen. In einer der Sagen tritt der Reisende vor eine eiserne Statue der Jungfrau Maria. Küsst er sie, so öffnet sich der Boden unter seinen Füßen. Der Unglückliche fällt in ein tiefes Verlies, in die Arme der eisernen Jungfrau, die ihn umschließt, ihn an ihre mit Dolchen gespickte

Brust drückt und mit ihren messerbesetzten Armen zerfleischt.[1] Ironischerweise wird auch der Stahlrahmen von Abferkelbuchten, der dazu dient, das Erdrücken von Ferkeln durch Muttersäue zu verhindern, als „eiserne Jungfrau“ bezeichnet.

Mag der Delinquent durch den Hygienographen auch nicht verletzt werden, so ist die Apparatur nicht weit von einer eisernen Jungfrau entfernt. Der Hygienograph umhüllt, verschlingt, dringt in den Körper ein. Er ist Ausdruck und Praktik umfassender Kontrolle und Zurichtung. Noch mehr gilt dies für den Apparat in Kafkas Erzählung. Zahllose Literaturwissenschaftler haben sich mit dieser befasst, Texte dokumentiert, auf die sich Kafka möglicherweise oder tatsächlich bezog. Es liegt mir fern, all diesen Aufsätzen einen weiteren hinzuzufügen, die Erzählung gar zu interpretieren. Unter den belegten Quellen seien zwei genannt. Der Soziologe Alfred Weber beschreibt in einem Aufsatz Beamte als Rädchen in einer selbsttätigen, irrationalen „Maschine“. Beamte würden „in den Apparat hineingezogenen“, sie erledigten „alles nur ganz nackt und geschäftsmäßig.“[2] Kafka lässt den Offizier nackt in den Apparat steigen. Er nimmt also Webers Metaphorik wörtlich. Kafka las auch Octave Mirbeaus *Garten der Qualen.* Darin werden Foltermaschinen zum automatischen Auseinanderzerren der Glieder oder mit schneidenden Messern oder Eisenspitzen ausgestattete Betten erwähnt, auch eine Glocke, deren Vibrationen den Verurteilten einen qualvollen Tod sterben lassen. Die Schläge werden immer sanfter und sanfter, um den Tod möglichst in die Länge zu ziehen. Vor allem die Klage des Henkers über den Niedergang seines Handwerks lässt an Kafkas Erzählung denken.

Bei Kafka wird der Körper beschriftet, ornamentiert. Der Verurteilte verwandelt sich dabei weniger in ein von anderen betrachtetes Kunstwerk, als dass er selbst zum Rezipienten der an ihm erfolgten Beschriftung wird. Im Individuellen bricht sich das Allgemeine. Die „Handzeichnungen des früheren Kommandanten", der im Teehaus unter einem Tisch begraben liegt, verdanken sich nicht dem Vergehen der einzelnen Delinquenten. Die Zeichnungen sind bereits angefertigt, noch ehe jemand das entsprechende Delikt begangen hat. Die tödliche Beschriftung ist mehr Folge einer vorhandenen Vorlage als die eines begangenen Vergehens. Die Handzeichnungen lassen an Joseph Marie Jacquards Webstuhl aus dem Jahr 1805 denken, der mit Hilfe von Lochkarten Muster produziert. Werden die Lochkarten ausgetauscht, ändert sich das Muster.

Ri Tokkos Hygienograph dient der akribischen Dokumentation. Schlussendlich wirken die gesammelten Daten auf die Lebenden zurück, mehr noch, das Leben verdankt sich selbst solchen Informationen. Nur Erbmaterial, welches die besten physischen und psychischen Dispositionen verspricht, kann zur Fortpflanzung gelangen. Konsequenterweise haben Abweichungen vom geltenden Schönheitsideal den Tod zur Folge. Der Krüppel, der sich aus eigenem Antrieb in die „Halle des Vergessens" begibt, fügt sich also ähnlich in die Maschine wie der Offizier in Kafkas Erzählung.

In der Literatur um 1900 finden sich neben Maschinen für die Kinderpflege, Gebär-, Brut-, Aufzucht- und „Aufsichtsmaschinen", „Maschinen für Euphorie", selbst Apparate für den „sanften Tod", ein Haushaltsgerät, dank dessen es möglich ist, jederzeit vollkommen schmerzlos zu sterben. Der Suicidapparat lässt sich an jedem Bett befestigen. Sind mit Hilfe verschiedener Federn Füße, Hände, Kopf und Körper fixiert, tropft „die betäubende Flüssigkeit auf die am Gesicht befestigte Maske."[3] Auffallend häufig finden sich Maschinen,

→ Melkroboter des Unternehmens Lemmer-Fullwood. Was ist erstaunlicher: Die technische Apparatur oder die Bereitschaft von Kühen, diese zu frequentieren? Abb. aus einer Werbebroschüre des Unternehmens Lemmer-Fullwood, 2007.

die dem Verzehr dienen, angefangen von Miniatureisenbahnen, auf denen das Essen heranrollt bis hin zu Fütterungsautomaten: „An jedem Platz befand sich ein tiefer Teller, über dem eine kleine Baggermaschine lief, die selbständig Speise aus dem Teller entnahm, sie zum Munde des Essenden bringend, und dies beständig wiederholend. Die Baggermaschinen waren an beiden Seiten der Tafel durch eine Stange verbunden, welche durch Motorkraft gedreht wurde."[4]
Der italienische Arzt Paul Mantegazza lobt in seinem Zukunftsroman *Das Jahr 3000* (1897) einen mechanischen Masseur. Der Kranke wird nackt in ein Futteral gefügt, welches den ganzen Körper mit Ausnahme des Kopfes umschließt: „Die innere Fläche dieses Futterals scheint völlig glatt zu sein, sie besteht jedoch wie ein romanisches Mosaik aus lauter kleinen Quadraten von 1 cm Größe. Jedes dieser kleinen Quadrate ist mit einem Faden verbunden, der durch einen elektrischen Motor in Bewegung gesetzt wird. Wenn der zu Behandelnde in dem Futteral steckt, wird der Strom zuerst nach den Füßen geleitet, dann nach den Beinen, Schenkeln und so weiter hinauf, bis sämtliche Quadrate sich in kleine Hämmer verwandelt haben, die wie Klaviertasten die Oberfläche des Körpers bearbeiten, einmal sanft, dann wieder stärker, je nach Bedürfnis des vorliegenden Falles. Der Stoff, aus dem das Futteral gemacht ist und woraus jedes einzelne Hämmerchen besteht, wechselt in seiner Härte zwischen der Sanftheit und Glätte eines feinen Handschuhs und der des Steins und Metalles. Daher ist die Massage je nach dem Falle weich und wollüstig, wie eine Liebkosung, oder rauh und heftig, wie ein Schlag."[5] Der Körper wird mit Hämmerchen, nicht mit Nadeln bearbeitet. Aber auch hier wird er beschriftet, wird doch der Kranke am Ende der Behandlung „rot wie ein Krebs" aus dem Futteral befreit. Da

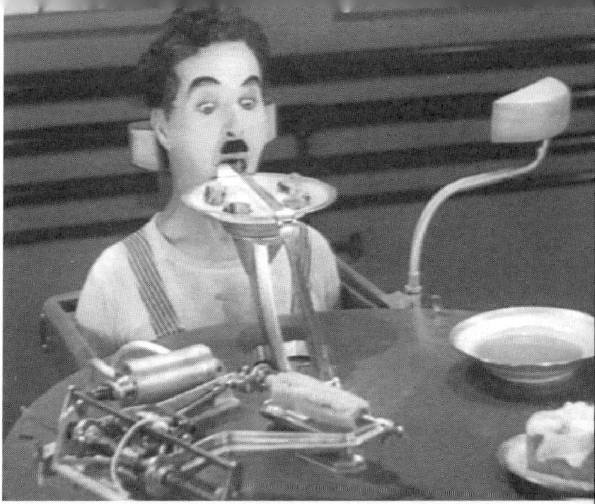

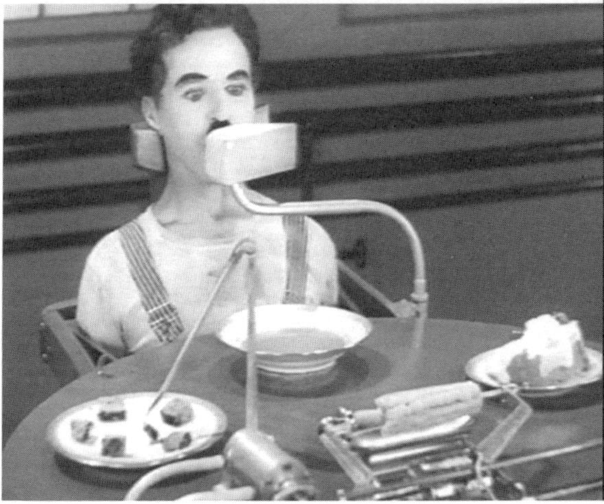

→ Dem Präsidenten einer Fabrik wird in der Mittagspause eine Maschine vorgeführt, die es ermöglichen soll, auch während des Essens weiterzuarbeiten. Die einzelnen Gerichte werden automatisch zum Mund geführt. Das Gerät kippt einen Teller Suppe in den Mund der Versuchsperson, führt einen Maiskolben zum Mund und lässt ihn rotieren. Arme und Hände werden zum Essen nicht mehr benötigt. Es gilt nur noch zu schlucken oder abzubeißen. Wie der Apparat in Franz Kafkas Erzählung *In der Strafkolonie* gerät auch hier die Maschine außer Kontrolle. Der Präsident bricht die Vorführung ab: Nicht zu gebrauchen! Charlie Chaplin, *Moderne Zeiten* (USA 1936).

wie dort bleibt die Trennung zwischen Schmerzen und Lustgefühlen unscharf, ist der Körper weiblich-passiv. Allerdings ist bei Kafka die Maschine selbst, Phantasma männlichen Gebärens, eine männliche *vagina dentata*, erotisch besetzt. Zum Filzstumpf, den das Opfer gezwungen ist, mit dem Mund aufzunehmen („da ihm sonst durch den Halsriemen das Genick gebrochen wird"), fügt sich der Stachel, der nach langem Vorspiel in einem orgiastischen Aufbäumen dessen Kopf aufspießt.

---

1 Vgl. J. M. Mayer, *Münchener Stadtbuch. Geschichtliche Bilder aus dem alten München*, München 1868.

2 Vgl. *Kindlers neues Literaturlexikon*, München 1988, Bd. 9, S. 39.

3 Felix Heymann, *Zukunftsmedizin. Ein Bild der zukünftigen Gestaltung der Medizin. Nebst sozialem Ausblick*, Leipzig 1896, S. 90.

4 Arno Hoffmann, *Silvester 2999*, Leipzig: Webels Verlag Dr. Abel & Born, 1907, S. 87.

5 Paul Mantegazza, *Das Jahr 3000. Ein Zukunftstraum*, Jena 1897, S. 90–91.

EIN FANGAPPARAT, LACKIERT IN GRÜNER UND GELBER FARBE

Von Schweinen ist bekannt, dass sie, aus Mast- oder Zuchtbetrieben in ein ihnen natürliches Umfeld entlassen, bald wieder Verhaltensweisen wild lebender Schweine entwickeln. Etwas ähnliches ist auch bei Rindern zu beobachten. In der Mutterkuhhaltung haben Rinder oft nur noch wenig Kontakt mit dem Menschen. Während des Sommers sind sie auf Almen oft lange Zeit sich selbst überlassen. Auffallenderweise bildet sich wieder eine Art Herdenverhalten. Kühe mit Kälbern verteidigen diese, reagieren aggressiv auf Hunde oder Wanderer, selbst Hirten gegenüber. Solche Kuhattacken sind nicht gleichermaßen zu befürchten. Angriffslust ist nicht allein eine Frage der Haltung, sondern auch eine der Rasse und Züchtung. Viele hochgezüchtete Kühe sind viel zu schwer und unbeweglich, um sich einem vermeintlichen Feind in bedrohlicher Weise zu nähern.
Nicht mehr an den Menschen gewöhnt, bedarf es eigener Apparate, um die Tiere einzufangen und zu fixieren, gleichgültig ob dies zum Zweck einer Behandlung oder des Abtransports in den Schlachthof geschieht. Mehr noch als Kühe stellen Maststiere ein Verletzungsrisiko dar. Unlängst zeigte mir ein Bauer stolz eine selbst gebaute Fangvorrichtung, eine Art Käfig, in leuchtendem Grün und Rot lackiert, eine sinnreiche, aber doch höchst banale Apparatur. Soll ein Stier geschlachtet werden, dann holt der Bauer mit dem Traktor erst einmal diesen Apparat. Die beiden Gabeln des Frontladers fügen sich genau in zwei unter dem Käfig angeschweißte Formrohre. Der Käfig kommt direkt vor der entsprechenden Box zu stehen, die durch eine Schiebetüre verschlossen ist. Öffnet der Bauer die

Schiebetüre, dann treibt seine Frau, seine Tochter oder der Schwiegersohn, sicher hinter Absperrungen stehend, den Stier mit Hilfe eines Stocks dieser Türöffnung zu, durch die helles Licht in den dunklen Innenraum fällt. Der Stier, der wähnt, ins Freie zu entkommen, findet sich, kaum hat er die Tür passiert, in einem Käfig. Hat das Tier die Öffnung durchschritten, oft genug nach kurzem Innehalten durchsprungen, betätigt der draußen bereitstehende Bauer einen Hebel, worauf ein seitlich hochgeklapptes Gitter ähnlich dem Beil einer Guillotine nach unten fällt und den Käfig an dessen Rückseite verschließt. Durch die Betätigung eines weiteren Hebels schließen sich zwei starke Metallrohre um den Hals des Tieres, wodurch dieses nahezu vollkommen fixiert ist. Eigentlich wäre es nicht nötig, um aber das Treten mit den Hinterbeinen zu verhindern, wird an der dafür vorgesehenen Stelle seitlich ein Rohr eingeschoben. All dies ist eine Angelegenheit von nur ein oder zwei Minuten. Der Bauer setzt sich auf seinen Traktor, schon hebt sich der Käfig vom Boden, das Fahrzeug bewegt sich in Richtung des nahegelegenen Schlachtraumes. In diesem Käfig fixiert, lässt sich das Tier gefahrlos mit einem Bolzenschussapparat betäuben. Man muss sich dies genauer vorstellen: Der Stier knickt mit seinen Hinterbeinen ein, bleibt aber mit seinem Kopf im eisernen Kragen hängen. Er fällt erst dann wirklich zu Boden, kehrt die Fangvorrichtung durch die Betätigung des Hebels in die Ausgangsstellung zurück. Mit Hilfe einer Seilwinde wird der betäubte Stier aus dem Käfig in den Schlachtraum gezogen. Nur einmal habe es Schwierigkeiten gegeben. Infolge einer Unaufmerksamkeit habe sich die Klammer gelöst. Der sich aufbäumende Stier musste mit einem Gewehr erschossen werden, was erst beim dritten Schuss gelungen sei. Eine der Kugeln wurde abgelenkt, woran

→ Muttertier mit Stierkalb. Foto: Bernhard Kathan, 2007.

die Klebebänder erinnern, die das Drahtglas der Schlachtraumtür notdürftig zusammenhalten.
Als mir der Bauer stolz diesen Fangapparat erklärte, gingen verschiedene Bilder durch meinen Kopf. Die Guillotine, auch sie kennt einen fixierenden Halskragen, habe ich bereits erwähnt. Ich musste an den Stierkampf und römische Arenen denken, in denen Tiere, etwa Löwen, nach dem Öffnen eines Gitters aus der Enge ins Freie, letztlich in den Tod laufen. Aber mit einem Schauspiel haben wir es nicht zu tun. Es fehlt jede Dramaturgie. Abhanden gekommen sind alle Anklänge an das Opfer. Dabei musste ich angesichts der Schönheit des Stieres, ein weißes, scheues und nahezu makelloses Tier, den ich in die Falle laufen sah, daran denken, dass so ein Stier in römischer Zeit wohl als Opfertier bestimmt worden wäre. Nein, der Ablauf ist so banal wie es auch die Apparatur ist. Mag es noch so gute Gründe für die Apparatur geben (Vermeidung des Verletzungsrisikos, Effizienz etc.), mag der Bauer ein sehr sympathischer Mann sein, so hat mich diese Konstruktion doch erschreckt.
In anderen Betrieben, die inzwischen auf Muttertierhaltung umgestellt haben, sind solche „Fangstände" zwischen Ausgang und Auslauf platziert. Da die Tiere beim Eintreten und Verlassen des Stalles gezwungen sind, den Fangstand zu passieren, tritt ein Gewöhnungseffekt ein, der das Fixieren der Tiere wesentlich erleichtert, sind „Behandlungs- bzw. Servicemaßnahmen" (darunter fällt wohl auch die dem Tod vorangehende Betäubung) geboten. „Störrische", „schwierige", „junge" oder „kranke" Kühe ließen sich früher mit Hilfe von „Fesselketten", „Fußfesseln", „Schlagfesseln" oder „Hüftfesseln" bändigen. Ein Fangstand überzeugt gegenüber all diesen Behelfsmitteln allein dadurch,

dass sich die Tiere (wenn auch unwissend) selbst in ihre Fixierung fügen.
Im Internet fand ich folgende Unterhaltung: „Habe heuer leider aus gesundheitlichen Gründen (Kreuzleiden) bei einigen meiner Mutterkuhkälber nicht die Möglichkeit gehabt, sie am ersten Lebenstag (später nicht mehr möglich, Freilandhaltung) zu kennzeichnen, bin daher am überlegen, die jetzt 3 bis 4 Monate alten Tiere mit einem Narkosegewehr zu betäuben, um sie zu kennzeichnen. Wer kann mir da mit Erfahrung dienen, bin für jeden Tipp dankbar." „Kommst du sonst gar nicht an die Tiere heran? Eine Möglichkeit wäre sie in einen Fangstand zu treiben und dann die Ohrmarken einzuziehen. Wir hatten in unserer Anfangszeit mit schottischen Hochlandrindern keinen Fangstand zur Verfügung, und mußten die Tiere vom Tierarzt mit der ‚Hellabrunner Mischung' per Narkosegewehr betäuben lassen. Alle nicht betäubten Tiere mussten weggesperrt werden, da sie sonst versuchen würden die schlafenden Kälber zum Aufstehen zu bewegen ... diese ‚Schupferei' kann den Tod der narkotisierten Tiere zur Folge haben. Ein Kalb starb damals an den Folgen der Narkose. Wenn du irgendwie eine andere Lösung siehst, lass die Tiere nicht narkotisieren. Wie bewältigst du die jährlichen Blutuntersuchungen? Also ... wenn du noch keinen Fangstand hast, bau dir einen ... Du wirst ihn immer wieder brauchen. Lois." „Ich kann Lois nur Recht geben. Betäubung durch ein Narkosemittel kann zum Tod des Tieres führen, wenn die falsche Körperstelle durch das Gewehr getroffen wird (Bereich des Pansens). Einzige Möglichkeit – wurde bei mir beim Kastrieren von Hochlandstieren im Alter von 4–5 Monaten angewendet – ist das Tier einzufangen und festzubinden und gezielt eine Narkosespritze vom Tierarzt verabreichen

zu lassen. Geht allerdings nur, wenn ein Fangstand vorhanden ist, sonst keine Chance oder viel zu gefährlich, und anschließend separat von den übrigen Tieren wieder erwachen zu lassen, wobei wichtig ist, dass das Tier in normaler Ruhelage gelagert wird, damit die Zunge nicht in den Rachenraum zurückfällt (Gefahr des Erstickens wie bei einem Bewusstlosen)." „Das nennt ihr Haustierhaltung? Das ist RAUBTIERHALTUNG! Wenn ich ein Narkosegewehr brauche, um an die Kälber heran zu kommen, dann läuft hier einiges schief, und dann braucht man sich nicht wundern, wenn dann auf der Weide Personen von den wildlebenden Kühen und Kälbern angegriffen werden. Das ist eben die artgerechte Rinderhaltung, auf die Weide und sich nicht mehr kümmern den ganzen Sommer und im Herbst kommt das Narkosegewehr zum Einsatz für die Bändigung. Und für die Blutabnahme soll sich der Tierarzt gefälligst selbst einen Raubtierbändiger mitnehmen, der Bauer braucht das Blut ja eh nicht. Und der Viehtransporteur darf sich mit der Bäuerin dann gut unterhalten beim Aufladen eines solchen ‚Jungrindes'. Der Bauer selbst hat sich verdrückt und es vorgezogen, besser nicht dabei zu sein bei der Jagd. Aber, wie gesagt, alles artgerechte Rinderhaltung! ..."[1]

1 Tippfehler verbessert, Rechtschreibung vereinheitlicht.

WEITERE MITTEILSAME MASCHINEN

In riesigen Hallen, deren Böden und Wände mit Fliesen und Kacheln ausgekleidet sind, stehen lange Tische, auf denen in einer langen Abfolge zahllose Säuglinge liegen. Die „Betten" werden mit Hilfe eines Elektromotors „bald in Längs-, bald in Querschwingungen versetzt", was auf die Säuglinge eine beruhigende Wirkung haben soll. Diese in Franz Stolzes Zukunftsroman *Das entschleierte Bild zu Saïs* (1904) beschriebenen Säuglingsautomaten erinnern an Kafkas von Batterien betriebenen Apparat. Auch dieser kennt ähnliche Bewegungen: „Es zittert in winzigen, sehr schnellen Zuckungen gleichzeitig seitlich wie auch auf und ab." Die Körper der Säuglinge sind von einem Futteral umschlossen: „Ein jedes Kind ruht in einer nischenartigen, mit Kautschuk-Luftkissen gepolsterten Vertiefung, die sich nach unten hin in einen gemeinsamen Abführungskanal öffnet. Die Kinder liegen auf dieser Unterlage ganz unbekleidet. Ueber ihren Kopf ist ein Kautschuktuch gestreift und um den Hals angemessen geschlossen. Ueber diesem befinden sich dann warme Decken. Auf diese Weise ist den Kindern die freieste Bewegung unter dem Kautschuktuche gesichert, und Erkältungen sind ganz ausgeschlossen. Denn die nötigen Reinigungen werden alle Viertelstunden durch eine von unten kommende Spülung mit warmem Wasser, gefolgt von einer durch die Maschine herbeigeführten Abreibung mit einer weichen Bürste vorgenommen. Der ganze Abführungskanal ist stets mit 35 Grad Celsius warmer Luft gefüllt, sodaß das Trocknen ohne Wärmeverlust vor sich geht."[1]

Im Mund der Säuglinge steckt kein „Filzstumpf", sondern ein „Kautschukpfropfen". Heftige Saugbewegungen lösen einen Elektrokontakt aus, worauf der Saug-

pfropfen körperwarme Kindermilch ausschüttet. Saugt ein Kind nur schwach oder spielend, wird die Milch augenblicklich wieder durch ein Röhrensystem in einen Zentralkessel zurückgesogen. Hier körperwarme Kindermilch, in Kafkas Erzählung ein warmer Reisbrei aus einem „elektrisch geheizten Napf". Der Kautschukpfropfen erweist sich als Infektionsherd, wird doch beim Zurücksaugen der Milch in den Zentralkessel die ganze Milch verunreinigt. Auch Kafkas Filzstumpf verweist auf andere: „Wie kann man ohne Ekel diesen Filz in den Mund nehmen, an dem mehr als hundert Männer im Sterben gesaugt und gebissen haben?"
Wie bei Ri Tokko und anderen Autoren sind Röhrensysteme bei Stolze allgegenwärtig. In Kafkas Erzählung fehlen sie. Erstaunlich, wurden doch insbesondere in der Verwaltung Schriftstücke mit der Rohrpost, die Kafka für private Zwecke zu nutzen wusste, befördert. Stolze, er betrieb eine Fabrik für Fotopapiere und Kameras und erfand auch eine Gasturbine, wusste um den Nutzen der Rohrpost. Eine Gesellschaft jedoch, organisiert nach den Regeln der Bürokratie, als Maschinerie, in der alles „wunderbar ineinander" greift, dachte er sich als abscheulich und abstoßend. Und was könnte erschreckender sein als ein Säuglingsheim, in denen nicht Mütter oder Pflegerinnen, sondern tote Maschinen die Wiege zu einem „unterschiedslosen Schaukeln" bringen, in denen nicht mehr die Stimme der Mutter, sondern Orgeltöne zu hören sind, und an die Stelle eines zärtlichen und fürsorglichen Blicks Oberlichten getreten sind. Infektionskeime teilen sich durch den Umweg über den Zentralkessel anderen Säuglingen mit. Fieber und Hautverfärbungen sind die Folge, wenn nicht der Tod. Die Mitteilungen schreiben sich auch hier in die Haut ein, in Form roter Flecken und Pusteln. Stolze war Sohn von Wilhelm Stolze, des Erfinders der

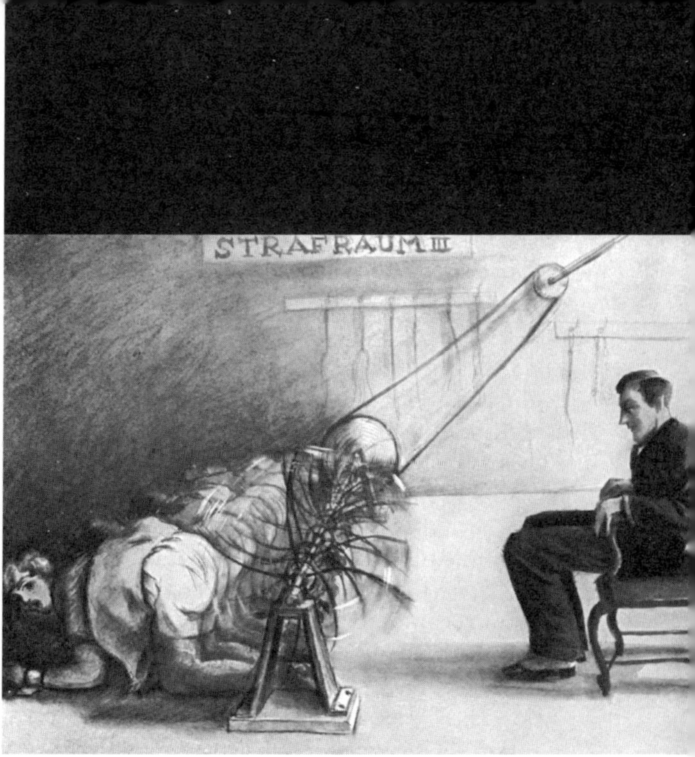

→ Körperbeschriftung mit Hilfe eines Flagellationsautomaten. Abb. aus: O.F. Scheuer / Otto Soyka, *Das Gefühl. Eine sexualpsychologische und physiologische Darstellung der Rolle und Bedeutung des Tastsinnes für das Triebleben des Menschen*, Wien / Leipzig 1930.

nach ihm benannten Kurzschrift, von der anzunehmen ist, dass Kafka sie beherrschte.
Ob Kafka oder andere, die Literaturgeschichte kennt keine Erfindungen. Stets wird vorhandenes Material verarbeitet. Zweifellos las Kafka Trivialliteratur, wohl auch Stolzes Roman. Die damals in der Literatur auftauchenden Apparate verdanken sich nicht zuletzt wissenschaftlichen Publikationen. Hier fanden sich unterschiedlichste Apparate, die etwa dazu dienten, Puls und Herzschläge graphisch darzustellen. Max Haushofer beschreibt in seiner Erzählung *Der Thanatograph* (1888) einen Apparat, der „den Elektromagnetismus dazu benutzt, um das Nervensystem eben verstorbener Menschen zu Mitteilungen zu veranlassen", mehr noch, das Gerät liefert eine handschriftliche Wiedergabe der Gedanken des Toten.[2] Dies gelingt freilich nur in den ersten Stunden nach dem „gänzlichen Stillstehen des Pulses", in jenen Stunden also, die dem völligen Zerfall des Menschen vorangehen: „Schliesslich kommt ein Zeitpunkt, wo trotz der Steigerung des elektrischen Stromes die Mittheilungen der Todten immer spärlicher und spärlicher werden, bis sie zuletzt ganz aufhören."[3] Das produzierte Schriftstück lässt sich bezeichnenderweise, sind doch die Nervenschwingungen des Toten verschwindend gering, nur mit Hilfe eines Mikroskops lesen. Bei Mumien, deren Konservierung den Zerfall des Körpers verhindert hat, bedürfe es gar einer fünfhundertfachen Vergrößerung. Dass der Tote zum Schreiben veranlasst werden kann, wird nicht mit einem noch vorhandenen Bewusstsein, sondern als Folge reflektorischer Abläufe erklärt. Deshalb funktioniert der Apparat nur bei Toten, die während ihres Lebens viel geschrieben haben. Bei Handarbeitern versagt er. Erstaunlicherweise produziert der Thanatograph ein Schriftstück, in welchem der Tote den Prozess des

Sterbens und des beginnenden Zerfalls beschreibt. Aus einer Innenperspektive wird das erwähnt, was Ärzte und Biologen der damaligen Zeit nach dem Stillstand des Herzens und aller anderen Körperfunktionen beobachteten, die Stockung des Blutes, der Verlust der Muskelspannung, die darauf folgende Totenstarre, das Erkalten des Körpers wie das Ende aller Sinnestätigkeit: „Meine Sinne nehmen nichts mehr wahr; ich höre nichts mehr und sehe nichts mehr, ohne jedoch darüber zu erschrecken oder betrübt zu sein."[4] Das Selbstbewusstsein erlischt. Die Atome beginnen auseinanderzustreben.

Kafka erwähnt in seiner Beschreibung des „eigentümlichen Apparates" seiner Erzählung ähnliche Apparate in Heilanstalten. Er konnte sich wohl kaum vorstellen, welche Apparate sich den ihm bekannten noch hinzufügen sollten. Heute erleben wir kaum eine Routineuntersuchung in einem Krankenhaus, ohne dass wir in eine Maschine geschoben werden. Und nun zeichnet sich eine völlig neue Automatengeneration ab. Pflegeroboter werden nicht nur höchst komplexe und sehr unterschiedliche Funktionen erfüllen, sie werden der Interaktion fähig sein.

Wenn man an heutige Melkautomaten denkt, die in der Lage sind, mit einem Lebewesen zu interagieren, etwa eine Kuh zu melken, ohne das Euter zu verletzen, dann kann man keinen Zweifel haben, dass es in Zukunft Pflegeroboter geben wird, die Bettlägrige aufsuchen, um sie zu füttern, zu waschen, die Mundhygiene durchzuführen oder Kranke umzulagern. Solche Pflegeroboter werden keine Becher oder Gläser kennen. Statt dessen wird an die Stelle der schwierig zu führenden Tasse eine Art Saugrohr treten, welches breiartige Nahrung oder Flüssigkeiten abgibt. Dieses Saugrohr wird mit zahlreichen Sensoren ausgestattet sein, was eine tatsächliche, wenn auch maschinelle Interaktion mit dem Pflegebedürftigen ermöglicht. Während die Fütterungsmaschine in *Modern Times* jener Person, die gefüttert wird, neben einer einzigen Position auch eine vorgegebene Geschwindigkeit aufzwingt, werden sich solche Automaten den Bewegungen der zu Pflegenden anpassen. Es beginnt bereits damit, dass der Automat mit seinem Saugrohr den Mund finden muss. Womöglich werden solche Pflegeroboter durch sanftes Berühren der Lippen ein Öffnen des Mundes stimulieren. Mit Hilfe von Sensoren werden sie „erkennen", ob der Mund aufnahmebereit ist. Womöglich wird es wie bei Selbsttränken in der Tierhaltung einen Mechanismus geben, der mit der Zunge betätigt werden muss, damit das Saugrohr Flüssigkeit oder Nahrung von sich gibt. Dank höchst komplexer Programme werden diese Maschinen in der Lage sein, individuelle Informationen zu verarbeiten und zu integrieren. Zweifellos werden die Pflegeroboter der Zukunft online sein, werden ihre Programme ein tägliches Update erfahren wie sie selbst durch unmittelbare Erfolgs- und Fehlermeldungen zu deren Optimierung beitragen werden.

Nicht anders als in Kuhställen wird das Funktionieren solcher Roboter die eindeutige Identifikation jedes einzelnen Patienten ebenso zur Voraussetzung haben wie eine umfassende Dokumentation und Verarbeitung zahlreicher, und zwar ständig zu ergänzender Informationen den Blutdruck, die Herzfrequenz, Bewegungsmuster, den Flüssigkeitshaushalt und vieles andere betreffend. Zweifellos wird das Saugrohr, ist es in die Ausgangsstellung zurückgekehrt, in ähnlicher Weise desinfiziert wie dies für die Zitzenbecher heutiger Melkroboter gilt. Und es ist anzunehmen, dass sich in den Werbebroschüren von Herstellern von Pflegerobotern ähnliche Texte finden werden wie in der Werbung

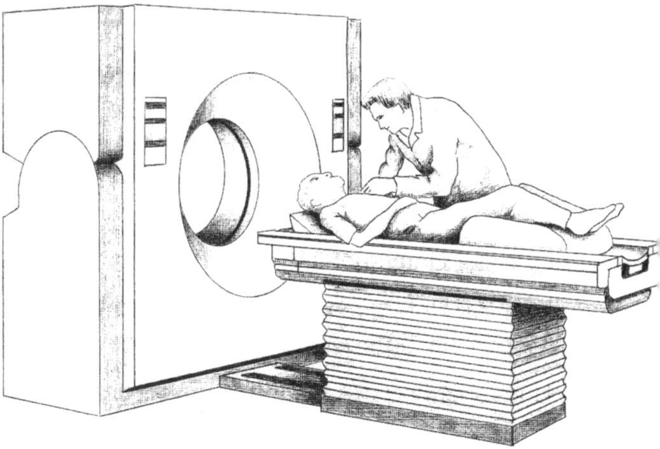

→ Patienten phantasieren solche Räume manchmal als Folterkammern. Dies ist gar nicht so abwegig, wird man doch trotz aller Informationsbroschüren im Unklaren gelassen. Das schafft Raum für Phantasien, in denen sich alles in sein Gegenteil verkehrt. So lassen etwa die Sauerstoffanschlüsse für den Notfall an Räume denken, aus denen die Luft zum Atmen abgepumpt wird. Als Patient wird man buchstäblich hin-gerichtet, Blicken anderer ausgesetzt, in ein Objekt der Abarbeitung verwandelt. Abb. aus einem Patienteninformationsblatt. DIOmed-Aufklärungssystem. Illustration: Atelier Gluska.

für heutige Melkautomaten: „Der hydraulisch betriebene Roboterarm arbeitet schnell und leise, ist hart im Nehmen und sanft im Austeilen. Er arbeitet immer auf exakt dieselbe Weise, ganz so, wie es die Kühe mögen. Gefertigt aus verstärktem rostfreiem Stahl, genügt der Arm auch härtesten Bedingungen. [...] Dieser Arm wird nicht müde. Er verliert niemals die Geduld, sondern erledigt einfach die Melkarbeit – während Sie sich um wichtigere Dinge kümmern."[5]

Im Gegensatz zu Japan stößt die Vorstellung, im Pflegefall von einem Roboter betreut zu werden, in den westlichen Gesellschaften noch auf Unbehagen. Dabei bereiten wir uns bestens darauf vor. Der Körper wird heute in vielfältigster Weise technisch aufgerüstet. Ob Blutdruck, Herzfrequenz, Blutzuckerspiegel oder vieles andere, all das ist heute weniger eine Frage des Empfindens als mit Hilfe technischer Geräte erhobener Daten. Die Vorstellung, Pflegeroboter träten unvermittelt an die Stelle von Krankenschwestern ist allerdings falsch. Wir haben es mit nahezu unmerklichen Übergängen zu tun, die uns vergessen lassen, dass wir es nicht allein mit einem Mensch-Maschine-Problem zu tun haben, nicht allein mit neuen Körpervorstellungen.

Bevor Pflegeroboter Einzug in Pflegeheime und Krankenhäuser halten werden, wird erst einmal das Personal technisch aufgerüstet. Krankenschwestern werden mit multifunktionalen Mini-PCs ausgestattet, die sich als Telefon wie auch zu Dokumentationszwecken verwenden lassen. Die nächste Generation dieser Geräte wird sich durch ein Feld von Passiv-Sendern bewegen, mit denen Patienten zunehmend ausgestattet werden: „Zutrittskontrolle und Zeiterfassung in einem. Unsere Transponderterminals sind die schnelle und einfache Lösung zur elektronischen Zeiterfassung in ihrem Betrieb. Die Terminals erfassen automatisch das

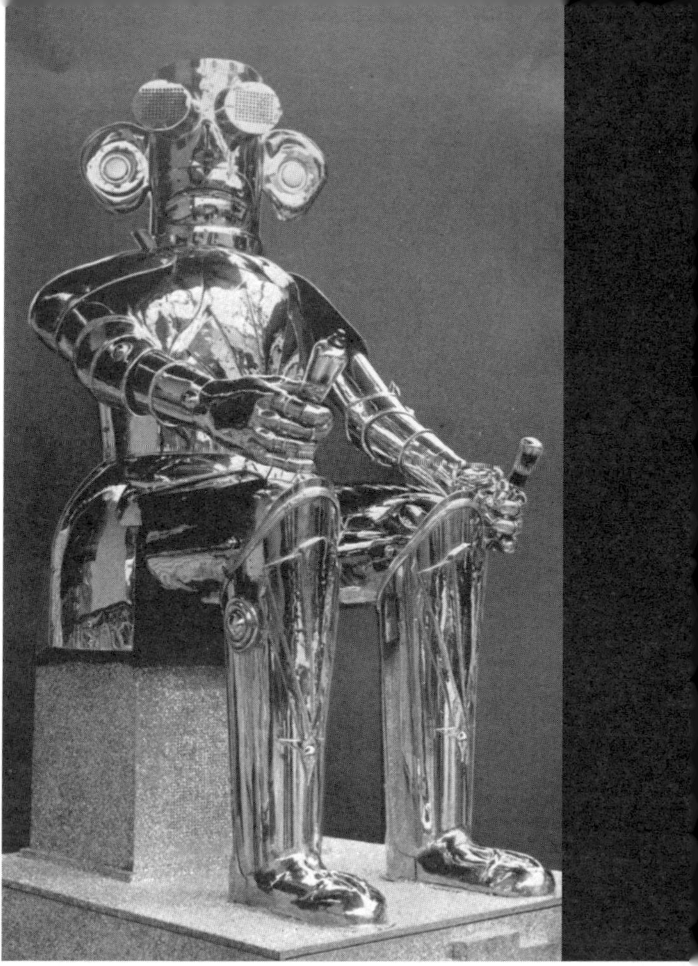

→ Pflegeroboter werden keine Erinnerung an den menschlichen Körper kennen. Sie benötigen keinen Kopf, können fünf oder zehn Arme haben, die sich unabhängig voneinander bewegen. Wir sind es längst gewohnt, von Maschinen angesprochen zu werden, die das Äußere des Menschen nicht nachahmen: „Wenn Sie Ihr Konto aufladen möchten, drücken Sie die Zwei. Wollen Sie ...“ Roboter. Londoner Funkschau 1932. Abb. aus: Walther Kiaulehn, *Die eisernen Engel. Geburt, Geschichte und Macht der Maschinen*, Berlin 1935.

Datum und die Urzeit zu der Ihre Mitarbeiter kommen bzw. gehen. Außerdem lassen sie sich problemlos als schnelle und zuverlässige Zutrittskontrolle einsetzen. Sie sind wie unsere Portiers in der Lage ohne großen Aufwand oder weiteres Zubehör neue Transponder anzulernen und können sowohl im Online als auch im Standalone Modus betrieben werden. Eine spezielle Software ermöglicht die bequeme Auswertung der Daten am PC."[6] All dies lässt sich beliebig ausbauen. Es wird keinen Zweifel geben, ob und wann ein Krankenzimmer frequentiert, eine bestimmte Pflegehandlung durchgeführt wurde oder nicht. Stets versprechen solche Technologien, die Arbeit zu vereinfachen. Aber wo immer sie zur Anwendung kommen, etwa im Gastgewerbe, dienen sie auch der Kontrolle derer, deren Arbeit zu erleichtern sie vorgeben. So werden die Bewirtschaftenden selbst zu Bewirtschafteten. In radikaler Weise wird das Verhältnis der Menschen zueinander neu bestimmt.

---

1 Dr. F[ranz] Stolze, *Das entschleierte Bild zu Saïs*. Sozialer Roman, Rostock: C. J. E. Volckmann 1904, S. 76–77.

2 Max Haushofer, „Der Thanatograph"; in: ders., *Geschichten zwischen Diesseits und Jenseits*, Leipzig 1888, S. 142.

3 Ebd., S. 143.

4 Ebd., S. 146.

5 DeLaval, *VMS – das automatische Melksystem von DeLaval*, Werbebroschüre 2007.

6 www.tesk.de, 11.10.2008.

KUHFOTOGRAFIE

In Mark Tanseys Gemälde *The Innocent Eye* (1982) wird eine Kuh vor ein lebensgroßes Rindergemälde geführt, welches von Museumspersonal und Kunstexperten gerade enthüllt wird. Das Bild im Bild zeigt Paulus Potters *Der junge Stier* aus dem Jahr 1647. Gespannt beobachten die Fachleute die Reaktion der Kuh. Doch diese steht stumpfsinnig vor dem Gemälde. Nun ließe sich einwänden, hätte der Künstler die beiden Rinder so täuschend echt gemalt wie der antike Maler Xeuxis die Trauben, dann würde sich die Kuh unter ihresgleichen sehen.[1] Geben wir einmal jenen recht, die meinen, Tiere würden kein Zeichenverständnis kennen, eine Kuh könne also das Abbild einer Kuh nicht begreifen. Dies ließe sich auch umkehren. Vielleicht sind Kühe zu klug, um auf ein Abbild hereinzufallen. Eine gemalte Kuh ist eben keine Kuh und von einem gemalten Heuhaufen lässt sich nicht fressen. Etwas ähnliches lässt sich bei vielen Tieren beobachten. Spielt man etwa einer Katze, die gerade Junge geworfen hat, die Rufe eines Raubvogels vor, dann wird sie mit großer Aufregung reagieren. Aber es dauert nicht lange und sie schenkt den Lauten aus einem Tonträger keine Beachtung mehr.

Die moderne Kuhfotografie interessiert sich nicht für das Zeichenverständnis von Kühen. In Fortsetzung jener Gemälde, die sich frühe Züchter von Rindern oder Pferden anfertigen ließen, geht es ihr einzig um die Darstellung von Charakteristika und Leistungsmerkmalen. Solche Aufnahmen beginnen einmal damit, dass die Kühe herausgeputzt werden. Da darf auch nicht eine Spur von Mist am Körper haften. Das Fell muss glänzen: „Martin Killewald [ein bekannter Kuhfotograf] bürstet Britneys Schwanz. Damit sich der

Schwanz nicht zu fest im Wind bewegt, wird eine Schnur daran befestigt."[2] Anschließend werden die Kühe buchstäblich in Position gebracht, um etwa das Euter zur Geltung, Schwächen dagegen zum Verschwinden zu bringen. Die Beine müssen richtig stehen. Das im Profil gezeigte Tier soll den Kopf heben. Als Zeichen von Vitalität gelten hochgestellte Ohren. Dies kann mit Hilfe von Spiegeln oder von Kassettenrekordern abgespieltem Kälbchenmuhen erreicht werden. Man sieht es auf solchen Aufnahmen nicht, aber rechts außerhalb des Bildrandes muss man sich Leute dazu denken, die mit Hilfe von Glöcken, Rufen oder Gesten bemüht sind, die Kuh in die richtige Position zu bringen. Auffallenderweise wird die Kuh in zweifacher Weise herausgelöst und so zur Geltung gebracht, zum einen durch den gewählten Ausschnitt, zum anderen durch ihre Isolierung aus jenem Feld, in dem sie sich üblicherweise bewegt. Mag die Kuh Melkstände passieren, in einer solchen Umgebung ließe sie sich nicht recht ins Bild setzen.
Über das Wesen von Kühen sagen solche Aufnahmen wenig oder gar nichts. Da lohnt es sich, Aufnahmen von Kühen in alpinem Gelände zu machen, und zwar immer bemüht, mit einem Tier auf diese oder jene Weise in Kontakt zu treten. Selten wird man eine gute Aufnahme machen, steigt man nur aus dem Auto aus und knipst eine Kuh. Man muss sich mit dem Gelände vertraut machen, in dem sich Kühe bewegen. Man muss mit Kühen interagieren, sich zwischen sie drängen, auch auf die Gefahr hin, beschmutzt oder vielleicht umgestoßen zu werden. Macht man dies, dann wird man sehr unterschiedlichen Rindern und Kühen begegnen. Manchmal scheinen Kühe zu posieren, so als wüssten sie um die Fotografie. Und dann erlebt man wieder Situationen, in denen sich dieselben Kühe völlig

→ „Kuh Butzi 083.707.376, Mutter des positiven Vererbers Orso 201.963.576, 8 Kalbungen, 7 erstklassige Prämierungen.“ Abb. aus *Tiroler Grauvieh*, hrsg. vom Tiroler Grauviehzuchtverband, Innsbruck 1999. Foto: Breedimpressions Gutscher.

anders verhalten. Kühe können sich neugierig nähern, so tun, als würden sie im Gras schnobern, den Kopf gesenkt. Dabei haben sie nur uns im Auge. Was eine Kuh sieht, wenn sie seitlich von unten nach oben blickt, ist schwer zu sagen. Auf jeden Fall ist dieses Schauen eng an die Bewegung geknüpft, was deutlich wird, macht man eine Serie von Aufnahmen, während sich eine Kuh nähert oder ausweicht. Darüber hat sich wohl noch kein professioneller Kuhfotograf den Kopf zerbrochen, auch keiner der Agraringenieure, die angesichts des ganzen Gestänges in engen und geometrisch organisierten Laufställen von artgerechter Tierhaltung sprechen.
Üblicherweise kann man sich auch auf Almen Kühen ohne jede Gefahr nähern. Ob eine Kuh nun scheu ist, ängstlich oder neugierig, all das lässt sich einfach an ihrem Verhalten erkennen. Kürzlich wurde ich erstmals von einer Kuh angegriffen. Auf einer abgelegenen Alm, die ich sehr gut kenne, wollte ich Fotos von einer kleinen Herde mit Kälbern machen. Die Herde graste an einem Hang, der am Fuße in ein flaches Wiesenstück überging, um dann an einer Kante steil abzufallen. Da ich wusste, dass gegenüber Kühen mit Kälbern, die nur noch wenig Kontakt mit Menschen haben, Vorsicht geboten ist, näherte ich mich der Herde entlang eines steinigen Bachlaufes. Ich war mir sicher, diesen Bach, von Stein zu Stein steigend, schneller überqueren zu können als jede Kuh, die mit ihrem schweren Körper im Bachbett erst Halt finden muss. Plötzlich löste sich eine Kuh aus dem Verband und trabte rasch auf mich zu, ihren Schwanz gehoben, die Hörner gesenkt. Ich konnte mich gerade noch über den Bach retten. Als ich mich umdrehte, grub sie ihre Hörner in die Erde und warf Dreck und Steine auf. Die Kuh war in höchster Aufregung. Dann querte auch sie den Bach. Ich hatte

→ Kuhblick bei seitlichem Ausweichen. Foto: Bernhard Kathan, 2007.

gerade genug Vorsprung, um die Kante zu erreichen und mich in den von Wacholderbüschen, Heidelbeeren und Alpenrosen bewachsenen Steilhang fallen zu lassen. Dorthin konnte sie mir nicht mehr folgen, mochte ich auch nur wenige Meter unter ihr im Gestrüpp liegen. Aufgeregt lief sie dann noch einige Zeit an der Kante hin und her. Ich bin sicher, sie hätte mich auf ihre Hörner genommen. Auf dem Foto, welches ich von dieser Kuh machte, ist sie mit straffem Rücken und erhobenem Kopf zu sehen. Da bedurfte es keiner Rufe und Gesten, um den Mangel an Vitalität auszugleichen.

---

1 Plinius berichtet, Xeuxis habe die Trauben so wirklichkeitsgetreu dargestellt, dass Vögel danach gepickt hätten.

2 www.schweizerbauer.ch/_apps_fotogallery_Uebriges/event, 9.10.2008

AUTOMATISIERTE BRUNSTERKENNUNG

Eine Brunst lässt sich an unterschiedlichen Zeichen erkennen. Eine Kuh, die steht, wenn sie von anderen besprungen wird, ist mit großer Wahrscheinlichkeit brünstig. Man spricht von „Duldungsbereitschaft". Die Kuh dagegen, die aufspringt, ist eher nicht brünstig. Ob eine Kuh duldungsbereit ist, lässt sich auch durch eine Massage im Lendenbereich prüfen. Senkt die Kuh die Kruppe, hebt sie den Schwanz an, dann ist eine Brunst anzunehmen. Andere Anzeichen einer Brunst: Abgang von klarem Schleim aus der Vulva, Schleimspuren an Schwanz oder Schenkeln, Milchrückgang, geringere Fresslust, Unruhe, Brüllen, das sogenannte Brunstgesicht. Sind Blutspuren oder blutiger Schleim am Schwanz oder an der Vulva zu sehen, dann ist die Brunst bereits vorbei. In großen Betrieben ist es heute aufgrund der Mechanisierung wie der geringen Anzahl an Beschäftigten nicht mehr möglich, die Brünstigkeit von Kühen ausreichend zu erkennen. Erschwerend wiegt, dass die Kühe meistens in der Zeit zwischen zwei und fünf Uhr morgens Anzeichen der Brunst zeigen. Die Brunstdauer beträgt zwischen ½ bis 1 ½ Tage, der Brunstzyklus ca. 3 Wochen. Die Brunsterkennung ist insofern von Bedeutung, da leerstehende Kühe Geld kosten.

Zur Brunsterkennung haben sich Veterinärmediziner manches einfallen lassen, so „Lockbullen", deren Penis infolge eines operativen Eingriffs bei einer Erektion seitlich austritt. Versucht der Bulle, eine brünstige Kuh zu besteigen, so hinterlässt er dank eines an seinem Hals befestigten Markierers einen Farbfleck auf dem Rücken der Kuh. Die markierte Kuh lässt sich nun von der Herde absondern und künstlich besamen. Farbpatronen, die beim Dulden von Aufsprüngen platzen, lassen sich auch an der Schwanzwurzel von Kühen befestigen.[1] Inzwischen tritt an die Stelle solcher Verfahren zunehmend die automatisierte Brunsterkennung. Diese erfolgt vor allem mit Hilfe von Indikatoren. Dabei sind unterschiedliche Indikatoren möglich oder denkbar. Als einer der Indikatoren kann das während der Brunst spezifische Bewegungsverhalten gelten. Auch Lautäußerungen des Rindes eignen sich. Solche automatisch erfasste Indikatoren werden mit anderen Daten verrechnet. Die Trefferrate ist erstaunlich hoch. Früher einmal glaubte man an weissagende Kühe. So man es glauben will, soll manche Stadt und manches Bauwerk an Orten errichtet worden sein, an denen sich eine Kuh niederließ. Man dachte, der Bauer müsse bald sterben, würden die Rinder an der Tränke den Kopf steif hochhalten. Ein Unglück drohte dem Haus, waren sie nachts unruhig und rasselten heftig mit den Ketten. Sah ein Mädchen oder eine junge Witwe eine junge, wohlgenährte Kuh mit rot-weißen Flecken, so bedeutete das Glück oder einen Bräutigam. Gingen sie weit in den Wald, so sah man darin ein Zeichen für gutes Wetter.[2] An die Stelle weissagender sind gläserne Kühe getreten, deren erstes Exemplar im Deutschen Hygiene-Museum in Dresden zu sehen ist. Diese Kuh, sie trägt den Namen „Heidi", ein transparentes Modell eines Rindes, wurde 1959 auf der Weltlandwirtschaftsausstellung in Neu-Delhi erstmals gezeigt. Das aus 197 Einzelteilen bestehende Skelett wurde aus einer Aluminiumlegierung gegossen. Ader-, Venen- und Nervensystem wurde aus Kupferdraht gefertigt und in den gängigen anatomischen Farben rot, blau und gelb koloriert. Die Gesamtlänge soll 60 km Draht betragen. Die inneren Organe wurden in Kunststoff nachgebildet und koloriert. Ursprünglich wurden sie durch 120 kleine Glühlampen von innen beleuchtet, und zwar jeweils entsprechend

→ Die Leerstelle rechts im Bild lässt die Rute des Stieres ins Zentrum rücken. Was betrachtet der Mann, der sich mit seiner Linken mitten unter den Tieren an einem Baum abstützt? Paulus Potter, *Der Stier*, 1647. Den Haag, Mauritshuis.

jenem Organ, welches in einem Tonbandvortrag gerade erläutert wurde. Die Körperoberfläche besteht aus einer aus 56 Einzelteilen zusammengefügten durchsichtigen Hülle. Der „gläsernen Kuh“ ging die „gläserne Frau“ voraus, die 1930 im selben Museum gezeigt wurde.

Die „gläserne Kuh“ des Museums ließe sich als das Ergebnis der Arbeit eines begabten Bastlers abtun, der sich in einer Marmeladenfabrik mit transparenten Kunststoffen beschäftigte. Dieser Kunststoff nannte sich „Cellon“ und steht somit in der Nähe zum Celloloid und zum Cellophanpapier. Bei der „gläsernen Kuh“ fallen Abbildung und Verpackung in eins. Diese ist auch noch aus einem anderen Grund von Bedeutung. Die Besucher, die abwechselnd einzelne Organe aufleuchten sahen und den Erklärungen eines Sprechers lauschten, glaubten eine Kuh vor sich zu haben. Mochten die Organe auch genau dargestellt sein, so sahen sie keine Kuh, sondern nur das Modell einer Kuh. Dass sich das hygienische Objekt maßgeblich Sektionstischen und Schlachthöfen verdankt, wiegt geradezu wenig angesichts der vielen Leerstellen. Ironischerweise ließen sich heutige Kuhställe ähnlich mit blinkenden Lämpchen und rot, blau, gelb oder anders kolorierten Kupferdrähten darstellen. Freilich vermöchten die wenigsten eine solche Übersetzung zu verstehen.

Handelt es sich bei der gläsernen Kuh um einen didaktischen Behelf, um eine anschauliche Inszenierung, so haben wir es heute tatsächlich mit gläsernen Kühen zu tun. Man denke an all die in einem computergesteuerten Kuhstall rund um die Uhr gesammelten Daten. Zur betriebsinternen „Durchleuchtung“ fügt sich das Screening des Warenverkehrs. Jedes Rind ist heute umfassend dokumentiert. In wenigen Jahren werden die letzten Tiere mit einem „elektronischen Tierpass“

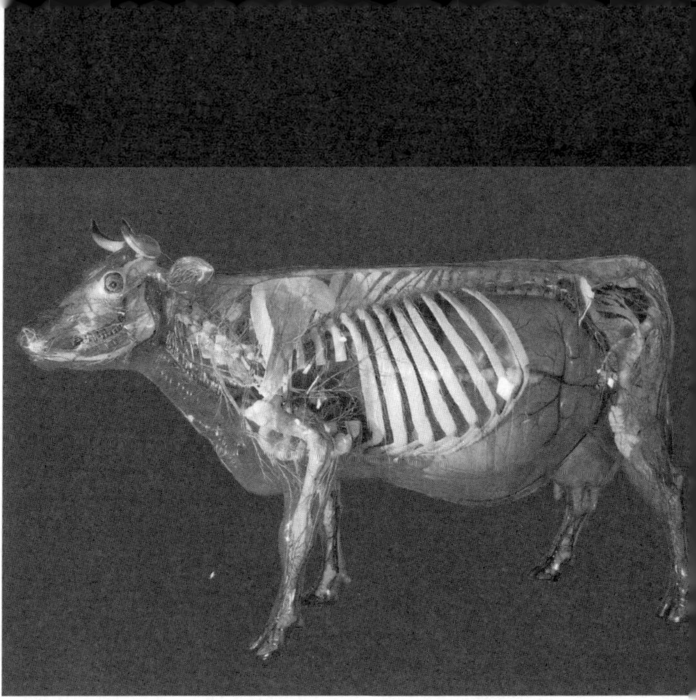

→ *Gläserne Kuh*, Deutsches Hygiene-Museum, Dresden, Postkarte.

ausgestattet sein. Daten wie Identifikationsnummer, Geburtstag und -ort, Züchter, Impfungen, Futterart und Menge lassen sich mit Hilfe von Handlesegeräten oder beim Passieren eines „Qualitätstores" mit berührungsloser Funktechnik lesen oder speichern. „Qualitätstor": auch so ein Unwort der Gegenwart. Sicherheit und umfassende Kontrolle werden versprochen, dabei bedeuten „Qualitätstore" nur allzu schnell den Tod. Robuste Kunststoffe mit einem integrierten, reiskorngroßen Halbleiterchip mit Antenne finden Verwendung: „Landwirt und Verbraucher, Tierarzt und Behörden könnten so jederzeit abrufen, wie das Tier ernährt wurde, wie es herangewachsen ist und welche Krankheiten es überstanden hat. Die Daten auf dem Chip sind durch eine Codierung vor Manipulation geschützt. Beim Ausbruch von Seuchen sind Rückschlüsse über Ursache und Ausbruch der Krankheit möglich, betroffene Tiere können schnell lokalisiert und Gegenmaßnahmen eingeleitet werden."[3] Heutige Kühe sind bereits gläsern, noch ehe sie auf die Reise geschickt werden, in Schlachthöfe und menschliche Mägen. Wie früher produzieren auch heute Kühe Zeichen, aber diese kündigen weder gutes noch schlechtes Wetter, auch nicht Glück und Unglück an. Sie weisen einzig auf das Tier zurück.

Unlängst besuchte ich einen Arzt. Die Sekretärin überreichte mir mehrere Fragebögen. Ich solle Platz nehmen, die Fragebögen durchgehen und die Kästchen ankreuzen. Etwa: „Ich habe in letzter Zeit keine Veränderung meines Interesses an Sex bemerkt ☐ / Ich interessiere mich jetzt weniger für Sex als früher ☐ / Ich interessiere mich jetzt viel weniger für Sex ☐ / Ich habe das Interesse für Sex völlig verloren ☐." Mit diesen Bögen wurde dann ein automatisches Lesegerät gefüttert. Als ich den Behandlungsraum des Arztes betrat und mich gesetzt hatte, musste ich zu meinem Erstaunen feststellen, dass Anamnese und Diagnose bereits erstellt waren und der Arzt nur noch kleinere Korrekturen anzubringen hatte. Da stand etwa zu lesen: „Einnahme von Schlafmitteln und Schmerzmitteln, kompensierte Suicidgedanken, geringgradige Somatisationstendenz, geringgradiger Libidoverlust ... Hinweise für Schlafapnoesyndrom, endomorphe Depression ..." Noch sind solche maschinenerstellten Diagnosen ziemlich unscharf. Für die Behandlung sind sie von fraglicher Bedeutung. Aber, sie werden von den Krankenkassen akzeptiert. Innerhalb weniger Jahrzehnte werden sich allerdings mit Hilfe zahlreicher weitgehend automatisch erhobener Indikatoren genaue Diagnosen erstellen lassen. Auffallend an so erstellten Diagnosen ist, dass sie keine Geschichte kennen, obwohl sie stets mit biographischem Material operieren. Zwar lässt sich die Geschwindigkeit enorm steigern, jede Narration wie jede Darstellung des Leidens geht dabei aber verloren. Der Patient füllt Kästchen aus, der Arzt tippt mit seinem Finger da und dort auf den Bildschirm. Letztlich läuft es darauf hinaus, dass die Anwesenheit eines Arztes nur noch bedingt erforderlich ist. Entwickeln wird sich wohl so eine Art Rinderstallmedizin.

Was waren das noch für Zeiten, als Bauern die Hörner ihrer Kühe befühlten, über den Rücken von Rindern fuhren, deren Verhalten beobachteten. Ein Rind meiner Kindheit hat sich besonders gut in mein Gedächtnis eingegraben, und zwar ein erstmals belegtes Rind. Mein Vater entschied sich, dieses Rind zu schlachten. Ich verstand ihn nicht. Das Rind war weder mager, für mich auch sonst nicht auffällig. Als die junge Kuh geschlachtet wurde, fand sich neben einem Fetus in der Gebärmutter ein Leberabszess von beachtlicher Größe. Wir haben es also mit einem Fall intuitiver Empirie zu tun. Im Unterschied zu heutigen diagnostischen Verfahren, die für sich per se einen Wahrheitsanspruch behaupten, bedurfte es hier noch einer persönlichen Beurteilung und Entscheidung. Die Entscheidung meines Vaters hätte sich auch als Irrtum herausstellen können.

1 Christian Lamprecht, „Brünstig oder nicht brünstig – das ist hier die Frage!"; in: *Der fortschrittliche Landwirt*, 13/2007, S 13.
2 Hanns Bächtold-Stäubli (Hg.), a.a.O., Bd. V, Sp. 768–769.
3 www.innovations-report.de/html/berichte/agrar_forstwissenschaften/bericht-6965.html, 7.10.2008.

DECKGESCHICHTEN

Die Kunstgeschichte kennt zahllose Abbildungen von Kühen. So finden sich in der Genremalerei zahlreiche Gemälde, die etwa den Austrieb oder die Heimkehr von Rindern zum Gegenstand haben. In der Literaturgeschichte ist das Rind dagegen, denkt man an seine kulturgeschichtliche Bedeutung, erstaunlich unterrepräsentiert. Dies ist verständlich, schrieben doch nur wenige, die mit Kühen zu tun hatten, Romane oder Gedichte. Als einer der wenigen sei Franz Michael Felder genannt. Er beschreibt zwar immer wieder Erfahrungen mit Kühen, aber Kuhgeschichten schrieb er keine. Eine Kuhgeschichte findet sich in Émile Zolas Roman *Die Erde* (1887).

„Sobald César losgebunden war, ging er langsam hinaus. Aber sofort blieb er stehen, gleichsam überrascht von der frischen Luft und dem hellen Tageslicht; und er verharrte eine Minute reglos, erstarrt, nervös den Schwanz schwenkend, den Hals geschwellt, das Maul vorgestreckt und witternd. Ohne sich zu rühren, wandte ihm die Coliche, heiser brüllend, ihre großen, starren Augen zu. Da ging er vor, preßte sich an sie und legte mit einem kurzen und derben Druck den Kopf auf ihre Kruppe; seine Zunge hing heraus, er schob den Schwanz beiseite, leckte bis zu den Schenkeln; sie ließ ihn gewähren und bewegte sich immer noch nicht, nur die Haut kräuselte sich unter einem Erschauern. Untätig und ernst standen Jean und Françoise dabei. Und als César richtig aufgelegt war, bestieg er die Coliche mit einem jähen Sprung, mit einer gewaltigen Schwere, die den Erdboden erschütterte. Die Coliche hatte nicht gewankt, er umpreßte sie an den Flanken mit seinen beiden Vorderbeinen. Aber sie, ein Tier aus dem Cotentin und von großem Wuchs, war so hoch, so breit für

ihn, der von weniger kräftiger Rasse war, daß er nicht zu Rande kam. Er fühlte es, wollte sich vergeblich wieder ermannen."[1] Da der Stier zu klein ist, um die Kuh erfolgreich zu bespringen, fasst Françoise, ein vierzehnjähriges Mädchen, welches die hitzige Kuh geführt hat, nach dem Glied des Bullen und führt diesem den Weg: „Und als er fühlte, daß er am Rande war, raffte er all seine Kraft zusammen und drang mit einem einzigen Lendenstoß tief in sie ein. Dann zog er wieder heraus. Es war getan: Der Stoß mit dem Pflanzholz, das ein Samenkorn tief in die Erde drückt. Standfest und mit der empfindungslosen Fruchtbarkeit der Erde, die besät wird, hatte die Kuh ohne eine Bewegung diesen befruchtenden Strahl des Mannestieres empfangen."[2]
Diese Episode findet sich im ersten Kapitel des Romans. Es handelt sich um eine doppelte Deckgeschichte. Erzähltechnisch wird nicht nur eine Kuh besprungen, sondern die spätere unglückliche Ehe zwischen dem Mädchen Françoise und dem Knecht Jean, der den Bullen in den Hof geführt hat, vorweggenommen. Coliche ist eine der wenigen prominenten Kühe der Literaturgeschichte. Aber mit der Geschichte einer Kuh haben wir es nicht zu tun. Diese ist literarisches Beiwerk in einem Roman, in dem sich Zola mit dem Leben der Bauern beschäftigt hat. Übrigens bediente sich Zola in der erwähnten Episode eines Gedichtes des Schriftstellers Maurice Rollinat.

Als weitere Kuh der Literaturgeschichte sei Rousa in John Bergers Erzählung *An Überlebende* erwähnt.[3] Rousa, viermal hat sie bereits gekalbt, will nicht aufnehmen. Auf der Alm treibt es sie einen weiten Weg zu einem Stier. Später wird sie in der Nähe der Almhütte am Boden liegend gefunden, mit gebrochenem Becken, unfähig sich zu erheben. In der Folge wird mit unterschiedlichsten Mitteln versucht, Rousa wieder auf die

→ Nicht wenige Gemälde von Kühen verdanken sich einem urbanbürgerlichen Publikum, welches im neunzehnten Jahrhundert das einfache Leben der Bauern entdeckte. Rudolf Koller, *Mädchen mit Rind*, 1886. Kunsthaus Zürich.

Beine zu helfen. Da dies nicht gelingt, gilt es, wenigstens das Fleisch zu retten, die Kuh zum Abtransport in den Lastwagen des Metzgers zu zerren. John Berger beschreibt den Sprung nicht, deutet einzig an, dass der Stier wohl zu schwer gewesen sein muss. Im Gegensatz zu Zola beschäftigt er sich mit dem Leben der kleinen Bauern, etwa damit was der Verlust der besten Kuh für sie bedeutet.

Im Gegensatz zu John Berger findet sich in Beat Sterchis Roman *Blösch* (1983) eine detaillierte Beschreibung eines Sprungs: „Sobald die Kuh mit dem Hinterteil vor den Bullen kam, bäumte sich der auf, strampelte suchend mit den Vorderbeinen und drückte sich von unten ins Geäst eines Apfelbaumes. Alles ging ganz schnell. An den Hinterbeinen, dann am ganzen Leib spannten sich die Muskeln, wie gemeißelt traten sie unter der Haut hervor. Zur Seite tänzelnd stieß er Blösch die Rute in die Scheide, gab sich noch einen Ruck, grunzte, seine mächtige Brust bebte, er schäumte, lechzte nach Luft, wie schwarze Flammen die Nüstern, und Blösch zitterte, ihre Vorderbeine stemmte sie in den Boden, die hinteren drohten einzuknicken unter der Tonnenlast, und ihre Zitzen wurden zu Stacheln, den Kopf warf sie zurück, ihre Hörner gerieten ins Geäst, der ganze Baum wackelte schon, und kaum war [der Bulle] in eine protzige Hocke und schließlich mit der Vorderhand wieder ins Gras hinuntergerutscht, drehte Blösch den Schädel gegen die Dorfstraße, muhte und zog so stark am Strick, daß Ambrosio erneut Mühe hatte, sie zurückzuhalten.“[4]

Der Roman erzählt die Geschichte des spanischen Gastarbeiters Ambrosio, der in die Schweiz kommt, um auf einem Bauernhof Geld zu verdienen, dann aber, als man ihn hier nicht mehr braucht, Arbeit in einem Schlachthof findet. Dort begegnet Ambrosio Blösch

→ „Alfons Dobler mit Zuchtstier ‚Golder'", 1968. Abb. aus *Tradition mit Zukunft. Eine Chronik der Sennerei Schnifis*, Schnifis 2006.

wieder, die er auf dem Bauernhof als die stolzeste der Kühe kennengelernt hat. Die Kuh ist zu einem Knochengerüst abgemagert, ein vollkommen verbrauchtes Tier also. Im Gegensatz zu anderen Wurstkühen lässt sich Blösch nicht so einfach schlachten. Obwohl sie ein Loch im Schädel hat, versucht sie wieder auf die Beine zu kommen. Dies ist der Auslöser einer anarchischen Metzgerrevolte. Sterchi, ein genauer Beobachter, beschäftigt sich in seinem Roman mit den Veränderungen der Landwirtschaft, mit Melkmaschinen oder künstlicher Besamung, mit der Unterwerfung des Lebendigen unter das Diktat von Technik und Ökonomie, und dies ohne die traditionelle bäuerliche Welt romantisch zu verklären. Mag er den Deckvorgang auch üppig beschreiben, auf menschliche Sexualität verweist dieser nicht. Es geht denn auch mehr um Probleme mit einem neu angeschafften Gemeindestier und die Vorteile der künstlichen Besamung, die damals, als Sterchi seinen Roman schrieb, sich durchzusetzen begann.
Zola sah die Bauern in der Nähe von Tieren. Wie Tiere lebten sie im Schmutz, sie trieben es wie die Tiere, in Gräben, im Mist zwischen Schafen und Kühen, auf dem Heuboden, auf Getreidesäcken, in Getreidefeldern. Im Gegensatz zu den Tieren befänden sich diese in einem Zustand andauernder Hitzigkeit. Bei Zola sind die Bauern auch dann noch lüstern, haben sie sich sechzehn Stunden unter praller Sonne zu einem Hungerlohn abgearbeitet: „Eines Abends wurde seine Qual so schlimm, daß er in den Schafstall schlich und die Frau an ihren Füßen zwischen ihrem Mann und seinem Bruder wegzog, die mit offenem Mund schnarchten. Ohne Sträuben fügte sie sich. Es war ein stummes, gieriges Nehmen in der durchglühten Finsternis auf dem festgestampften Boden, der trotz des gründlichen Ausfegens

von der Überwinterung der Hammel einen so scharfen Ammoniakgeruch zurückbehalten hatte, daß einem die Augen tränten."[5] Bei so viel Geilheit erstaunt es nicht, wenn ein Bauer unmittelbar nach einer Entbindung seiner Frau (eben hat der Tierarzt Coliche ein all zu großes Kalb stückweise aus dem Leib geschnitten) versucht, deren Schwester Françoise zu vergewaltigen, und das noch im selben Raum. Ein junger Schwachsinniger fällt über seine neunundachtzigjährige Großmutter her, die ihn darauf mit einem Beil erschlägt. Sexualität steht denn auch in einer engen Nähe zum Tod. Françoise wird unter Mithilfe ihrer Schwester Lise (diese hält die Beine des Mädchens fest) von deren Mann gewaltsam auf einem Feld genommen. In einem plötzlichen Anfall von Eifersucht stößt Lise ihre Schwester in eine aus dem Distelgestrüpp ragende Sense. Der greise Vater des Bauern, der das Verbrechen beobachtet hat, wird von den beiden ermordet. Lise erstickt ihn, indem sie sich rittlings mit nacktem Hintern, der „Kruppe einer wassersüchtigen Stute", auf sein Gesicht setzt. Und da das Bett der beiden inzwischen kalt geworden ist, „nehmen sie einander wieder, um es warm zu haben."[6]

Zolas Roman lässt sich als absurde Groteske lesen. Auf jeden Fall ließe er sich mühelos durch Streichungen zu einer solchen machen. Streichen müsste man vor allem jene Passagen, in denen sich Zola mit den Problemen und Möglichkeiten der Landwirtschaft seiner Zeit beschäftigt, mit Kunstdünger, der Mechanisierung, der Verschuldung, dem Abbau von Zollschranken und so fort. Seine Bauern-Bilder sind unter bürgerlich-urbanen Projektionen abzuhandeln. Zola vermag nicht zu sehen, dass Bauern über viele Jahrhunderte ihr eigenes Erfahrungswissen, dass sie trotz allen Futterneids zahllose Regulative des Ausgleichs entwickelt haben.

Und zu urbanen Projektionen fügen sich üppige Phantasien eines Autors, der von Hinterteilen gebückter Feldarbeiterinnen träumt: „... das Gesäß hoch, den Kopf dicht am Boden, in jener Stellung des Weibestiers, das sich anbietet.“[7] Aber was bedeutet schon das Kratzen der Feder gegen das „Zischen des Eisens“, der Sense. In der Prostitution (hier ist auch Nana zu nennen, mag sie auch eine absurde Ökonomie betreiben) wie in der Rinderhaltung haben wir es auf diese oder jene Weise mit bewirtschafteter Sexualität zu tun. Zolas Bauern befinden sich noch in einer Art rohem Naturzustand. Ihre Sexualität ist alles andere als bewirtschaftet.

---

1 Émile Zola, *Die Erde*, Berlin 1966 (1887), S. 12.
2 Ebd., S. 12.
3 John Berger, „An Überlebende“; in: ders., *Sau Erde. Geschichten vom Lande*, München 1992 (1979), S. 86–102.
4 Beat Sterchi, *Blösch*, Zürich 1985, S. 175–176.
5 Émile Zola, a.a.O., S. 202.
6 Ebd., S. 427.
7 Ebd., S. 200.

GROSSE MILCHADERN

1677 entdeckte Antoni van Leeuwenhoek die Samenfäden. Dennoch blieb noch lange unklar, was uns heute als Befruchtung oder Verschmelzung von Ei- und Samenzelle nur allzu verständlich ist. Neben anderem beschäftigte sich auch Buffon mit solchen Fragen. In den von ihm ausführlich dokumentierten Versuchen erforschte er unter anderem die „Samen-Bläschen eines Mannes, der eines gewaltsamen Todes gestorben und dessen Leiche noch ganz frisch und warm war", den Samen einer weiteren „frischen und noch warmen Leiche", den Samen von einem Hund, „der ihn vermittelst einer natürlichen Ergießung in ziemlich großer Menge gegeben hatte", die Geschlechtsapparate „geöffneter" Hunde und Kaninchen, die „Hoden und andern Zeugungstheile" von Widdern, die Geschlechtsteile einer lebend „zerlegten" Hündin, „die seit 4 oder 5 Tagen hitzig und der das Männchen nicht nahe gekommen war", die Geschlechtsteile einer „zergliederten" Hündin, „die jung, noch nicht brünstig gewesen war und noch nicht getragen hatte." Buffon interessierte sich auch für den Fortpflanzungsapparat von Kühen: „Man brachte mir die Geburtstheile einer Kuh, die man aber getödtet hatte, und da der Ort, wo sie getödtet worden, über eine halbe Stunde von meiner Wohnung entfernt war, so wickelte man sie in heiße Tücher und legte sie in einen Korb auf ein lebendes Kaninchen, was ebenfalls auf Tüchern lag; auf diese Weise erhielt ich sie fast so warm, wie sie bei ihrer Entfernung aus dem Körper waren."[1] Buffons Beschreibungen dessen, was er unter dem Mikroskop sah, sollen uns hier nicht weiter interessieren. Entscheidend ist, dass er in seinen Untersuchungen zur „Zeugung der Thiere" nicht allein den Menschen mit dem Tier und verschiedene Tiere miteinander verglich,

sondern Tiere ein und derselben Art in unterschiedlichen Zuständen, etwa hitzige Kühe mit solchen, die nicht hitzig sind, oder Kühe, die bereits mehrfach gekalbt haben mit solchen, die noch nie gekalbt haben. Auch wenn solche Untersuchungen, die auch von anderen durchgeführt wurden, für die Theoriebildung von großer Bedeutung waren, so haftet ihnen noch eine nahezu spielerische Neugier an.
Buffon plädierte dafür, sich „ohne Bedauern zu einer materiellen Philosophie [herabzulassen]".[2] Wenn dies für einen seiner Zeitgenossen gilt, dann ist vor allem Lazzaro Spallanzani zu nennen, der zahllose bemerkenswerte wissenschaftliche Experimente durchführte. Der italienische Geistliche sei hier nicht zuletzt auch deshalb genannt, da er in Tier- und Selbstversuchen Funktion und Wirkung von Magensäften nachzuweisen vermochte. Dabei verschluckte er an Fäden befestigte Schwämmchen oder kleine Leinensäckchen: „Ich habe 60 Körner aus dem gebratenen und zermahlenen Fleisch einer Taube in einen Leinenbeutel eingewickelt. Dieser Beutel blieb nur 18 Stunden in meinem Körper, aber das Fleisch war völlig verdaut."[3] So konnte er zeigen, dass es sich bei der Verdauung um einen chemischen Prozess handelt und dass diese sich nicht der Einwirkung von Wärme, Reibung oder Gärung verdankt. Ihm gelang auch der unwiderlegbare Beweis, dass zum Zustandekommen einer Befruchtung Sperma und Ei gehören. 1780 führte er an einer Hündin den Versuch einer künstlichen Befruchtung durch. Er manipulierte das Glied eines Spanielhundes bis zum Samenerguss und injizierte den Samen „mittels einer kleinen Spritze", die er auf Körpertemperatur erwärmt hatte, einer läufigen Hündin. 62 Tage später warf die Hündin drei gesunde Welpen. Spallanzani schrieb, niemals sei ihm „ein lebhafteres Vergnügen zuteil" geworden, aller-

dings nicht ohne hinzuzufügen: „Mein Geist übervoll der Verwunderung und des Staunens, kann nicht an die Zukunft dessen denken, was ich entdeckt habe.“[4]

Auf die Zucht bezogen schrieb Buffon, man müsse den Stier aus den schönsten seiner Art auswählen: „er muß dick sein, wohl gebaut und gut von Fleisch; er muß ein schwarzes Auge haben, einen stolzen Blick, eine offene Stirn, einen kurzen Kopf, dicke, kurze und schwarze Hörner, lange und rauhe Ohren, ein großes Maul, eine kurze und gerade Nase, einen fleischigen und dicken Hals, breite Schultern und breite Brust, feste Lenden, einen geraden Rücken, dicke und fleischige Beine, einen langen und wohlbehaarten Schwanz, einen festen und sichern Gang und rothes Haar.“[5] Und eine gute Milchkuh müsse „stark von Fleisch“ sein, ein „lebhaftes Auge“ und einen leichten Tritt haben, jung sein und möglichst viel Milch geben.[6] Als Zeichen einer guten Milchkuh sahen andere ein breites Euter, große Milchadern wie eine knochige Gestalt. Noch Katharina Prato glaubte in einem sanften Blick ein diesbezügliches Zeichen zu erkennen: „Eine gute Milchkuh lasse sich gerne schmeicheln.“[7]

Auf Leistung bezogene Zucht hat allerdings weder etwas mit Schönheit, noch mit Sanftmut zu tun. Tatsächlich bedurfte es genau festgelegter Kriterien, um verschiedene Tiere überhaupt miteinander zu vergleichen: „Die Tiere wurden bis ins letzte Detail kartographiert und katalogisiert. So wird bei der heutigen Milchkuh unter anderem die Länge, die Schulterhöhe, Euterform, Milchmenge und deren Eiweiß- und Fettgehalt, die Durchfließgeschwindigkeit der Milch pro Zitze, die Fruchtbarkeit und vieles andere gemessen.“[8]

Bereits vor zwanzig Jahren beklagte sich ein Agrarexperte darüber, dass Züchter immer noch in den Kategorien wie Schönheit dächten: „Aufgrund schwieriger werdender ökonomischer Verhältnisse wird die Leistung (Milch, Fett, Eiweiß) der Kuh weiter steigen müssen, ihr Streß aber auch zunehmen. Wir wünschen also Kühe, die so viel Milch wie möglich geben und über mehrere Laktationen in der Herde stehen. Daher denken die Milchviehhalter mehr an Kühe, die besser aber nicht größer, die breiter aber nicht schmaler sind. Wenn man nach den wirtschaftlichen Kühen in den Herden fragt, sind es die breiten Kühe mit ausgezeichneter Milchwilligkeit, mit starkem Euterband, guter Strichplazierung sowie gesunden Füßen und Klauen, die für korrekte Bewegungsabläufe sorgen und den Körper umhertragen können. Langlebigkeit, hohe Laktationsleistungen und geregelte Fruchtbarkeit werden an Bedeutung gewinnen. Hochleistende Kühe müssen die nötige Breite und den entsprechenden Milchcharakter und dazu gesunde körperbauliche Merkmale haben sowie ein Euter, das täglich 55–70 kg hergeben kann. Breitere Euter sind als Voraussetzung vergrößerter Kapazität, besserer Gesundheit und Melkbarkeit anzustreben. Alle kennen die Probleme zu tiefer Euter. Die Breite des Euters liegt aber begründet in der Becken- und Hüftbreite. Mit den Beinen an der Seite des Euters kann die Kuh korrekter marschieren und die Beine normal halten. Wahrscheinlich müssen wir uns in Zukunft von einigen ‚pretty' Vorstellungen im Richtring und bei der Selektion trennen. Ich glaube, für die Kuh der Zukunft müssen wir einiges ändern. Schmale Vorderpartien, allzu eng anliegende Schultern, allzu elegante Oberlinien wie auch allzu schön geformte Euter sind nicht positiv korreliert mit einer hohen Leistung. Zur Verbesserung des Kalbevorganges brauchen wir Kühe, die in den Hüfthöckern breiter, ein wenig niedriger in den Sitzbeinen und möglicherweise etwas grober im Becken sind. Wir müssen unsere bisherigen

→ Wann ist eine Kuh schön? Wenn sie ein großes Euter hat, ein Bild ausfüllt oder den Betrachter anblickt? Jean Dubuffet, *Die Kuh mit der feinen Nase*, 1954. Museum of Modern Art, New York.

visuellen Vorstellungen auf diese Art von Kühen ein wenig korrigieren. Wir mögen keine uneffizienten Kühe, noch solche mit hoher Leistung in nur einer Laktation mit durchgesacktem Euter, noch die großen Gefallen findenden Kühe, die keine wirtschaftlichen sind. Wir können es uns nicht leisten, diese Art von Kühen weiter zu tolerieren. Vielmehr muß auf Gesamtleistung und funktionale Eigenschaften gezüchtet und selektiert werden, und zwar aus besten Kuhfamilien und von den besten Vätern. Wir müssen ferner unsere gegenwärtigen Typ- und Klassifikationsprogramme ändern im Hinblick auf mehr hochproduktive, profitable und funktionsfähige Kühe."[9] Die hier beschriebene Kuh ist allerdings nicht mehr die der Zukunft, sondern die der Gegenwart.

Hinzuzufügen ist noch, dass die züchterischen Anstrengungen Tieren gelten, die sich bestmöglich in die Maschinenbewirtschaftung fügen. So wird in der Züchtung auf „melkmaschinentaugliche" Kühe geachtet. Melkautomaten fordern eine bestimmte Zitzen- und Euterform. Von den Abmessungen der Liegeboxen über die Milchleistung bis hin zur optimalen Verwertung der von einer Kuh aufgenommenen Kraftfuttermenge: der moderne Kuhstall kennt eine Unzahl von Normgrößen, exakt errechneten Mittel- und Idealwerten. All dies wirkt auf die Zucht und Auswahl der Tiere zurück. Kleine, berggängige Rinderrassen haben in solchen Ställen keinen Platz. Das Ideal liegt in leistungsfähigen Milchkühen, deren Verhaltensdispositionen der technisch-maschinellen Organisation möglichst entgegenkommen. Lebenserfahrene Kühe kleiner Bergbauern ließen sich in solche Ställe nicht wirklich integrieren. Auch die Körpermaße von Hochleistungskühen müssen den Anforderungen moderner Stallsysteme gerecht werden. Den Vorgaben der Aufstallung entsprechend gilt es möglichst alle Unterschiede zu beseitigen.

Gleichzeitig fällt auf, dass heute Rinder, werden sie extensiv bewirtschaftet, wieder „zurückgezüchtet" werden. In der Mutterkuhhaltung ist Robustheit oder Trittsicherheit von größerer Bedeutung als die Milchleistung. Eine Kuh muss hier nicht mehr Milch geben als ein Kalb zu trinken vermag. Neuerdings gibt es in schneearmen Gegenden Betriebe, die Rinder in großen Gehegen halten. Die Tiere werden nicht mehr eingestallt, wie Rotwild bestenfalls zugefüttert. Da sich die Tiere, scheu geworden, nicht mehr auf die übliche Weise schlachten lassen, werden sie wie Rotwild durch einen Fangschuss erlegt. Das Fleisch wird vornehmlich an Gourmetlokale verkauft.

---

1 H.J. Schaltenbrand (Hg.), *Büffon's sämmtliche Werke, sammt den Ergänzungen nach der Klassifikation von G. Cuvier*, Bd. I, Köln 1838, S. 756–757.

2 Ebd., S. 678.

3 Zit. nach Nicolas Witkowski, *Voltaire und die kopflosen Schnecken*, München 2005, S. 99.

4 Zit. nach Linus S. Geisler, „Ist das ein Mensch? In der Fortpflanzungsmedizin kulminieren nahezu alle ethischen Probleme der Biotechnologie", in: *Frankfurter Rundschau*, 9.9.2000, Nr. 210, S. 9.

5 H.J. Schaltenbrand (Hg.), *Büffon's sämmtliche Werke*, a.a.O., S. 80.

6 Ebd., S. 88.

7 Katharina Prato, *Die Haushaltungsskunde. Ein Leitfaden für Frauen und Mädchen aller Stände*, Graz 1897, 6. Auflage, S. 107.

8 Markus Schennach, a.a.O., S. 72.

9 *KB, Mitteilungen des Schweizerischen Verbandes für künstliche Besamung und der Interessengemeinschaft schweizerischer Besamungszüchter*, 26, Nr. 2, April 1988. Hier zitiert nach Kathrin Oester, *Unheimliche Idylle. Zur Rhetorik heimatlicher Bilder*, Köln 1996, S. 53–54.

FORTPFLANZUNGSSTÖRUNGEN

Ein eheliches Schlafzimmer in viktorianischem Stil. Auf dem Bett eine junge Frau, auf dem Rücken liegend, mit hochgeschlagenem Rock, die Beine gespreizt. Am Kopfende des Bettes eine etwas ältere Frau mit ebenfalls gespreizten Beinen. Auch sie ist bekleidet. Die junge Frau liegt zwischen den Schenkeln der älteren, ihr Nacken liegt auf deren Schambein. Die ältere hält die Hände der jüngeren. Am Fußende des Bettes ein Mann. Er hat sein Glied in die Scheide der jungen Frau eingeführt, „fickt in einem gleichmäßigen Zweivierteltakt, unaufhörlich wie ein tropfender Wasserhahn." Küsse oder andere intime Gesten sind nicht erlaubt, der Rock ist denn auch nur bis zur Taille hochgezogen. Die junge Frau ist völlig passiv, sie empfindet einzig die Bewegungen des Mannes, den Druck, der sich ihr durch die Hände der älteren Frau mitteilt. Sie ist mehr Organ als Frau, eine Prothese, Inventar wie ein Möbelstück. Sie soll stellvertretend schwanger werden, schwanger werden für die Frau, zwischen deren gespreizten Schenkeln sie ruht, schwanger werden für eine Frau, die unfruchtbar ist, nicht empfangen kann. Der Mann am Fußende des Bettes ist der Gatte der Unfruchtbaren. Es ist, als wäre zwischen die beiden nur etwas dazwischen geschoben, dass seine Stöße nicht der jungen Frau, sondern der Unfruchtbaren gelten, die sich denn auch so verhält, als sei sie es, die gefickt würde. Kommt er, dann fällt sie erschöpft zurück. Und sollte die junge Frau schwanger werden, dann versteht sie sich als schwanger. Gebiert sie, dann ist sie es, die das Kind zur Welt bringt. Sie nimmt auf einem Gebärstuhl Platz, zwischen ihren Schenkeln als Verlängerung des eigenen Körpers die Gebärende. Dabei wird sie gestützt als befände sie sich in den Presswehen. Und ist das Kind geboren, ist es gesund, dann wird es ihr als ihr Produkt feierlich in die Arme gelegt. Die bei de Sade von den Mönchen entführten und in der Klause des Klosters Sainte-Marie des Bois gefangengehaltenen Frauen begegnen uns wieder in Margaret Atwoods *Der Report der Magd* (1985). Auch diese Frauen sind nahezu absoluter Willkür ausgesetzt. Während bei de Sade Schwangerschaften den Tod zur Folge haben, so sollen die Frauen nun vor allem schwanger werden.

Infektionskrankheiten, radioaktive und chemische Verseuchung haben zu einem dramatischen Geburtenrückgang geführt. Und kommt ein Kind zur Welt, dann steht die Wahrscheinlichkeit 1:4, dass es eine Missgeburt ist, „ein Unbaby, mit Stecknadelkopf oder einer Hundeschnauze oder mit zwei Körpern oder mit einem Loch im Herzen oder ohne Arme oder mit Schwimmhäuten zwischen Fingern und Zehen." Die Gesellschaft wird von einer fanatischen religiösen Sekte beherrscht. Der Gebärfähigkeit der nur noch wenigen fruchtbaren Frauen wird zwar höchste Beachtung geschenkt, aber sie sind rechtlos. Eigentum ist ihnen verboten. Der Zugang zum öffentlichen Raum bleibt ihnen verwehrt. Wie in einem Insektenstaat sind sie Funktionsklassen zugeordnet, ablesbar an der Farbe ihrer Kleidung. Zur untersten Klasse zählen jene Frauen, deren Aufgabe es ist, in den Kolonien Leichen zu bergen und zu verbrennen oder kontaminiertes Material zu entsorgen. Ihr Leben wiegt wenig. Ihnen wird nicht einmal Schutzkleidung zugestanden. Sogenannte „Marthas" führen den Haushalt, „Tanten" dienen der Umerziehung gebärfähiger Frauen, „Ökonofrauen" sind niederrangigen Männern zugeteilt. Die wenigen Frauen, die mit einem höherrangigen Offizier oder General verheiratet sind, genießen gewisse Privilegien, etwa das Recht Schmuck tragen zu dürfen. Ihnen werden gebärfähige „Mägde"

zugeteilt, die an ihrer Stelle empfangen und gebären. Die Mägde leben in ständiger Angst. Gespräche zwischen ihnen sind nahezu unmöglich. Die Tanten tragen elektrische Stöcke wie sie beim Viehtreiben verwendet werden. Statt Anerkennung ständige Strafandrohung. Frauen, die beim Lesen oder Schreiben ertappt werden, was verboten ist, wird die Hand abgehackt. Körperliche Züchtigungen, die an Mägden vollzogen werden, gelten zuerst ihren Armen und Beinen. Sie werden mit ausgefransten Elektrokabeln blutig gepeitscht. Für die Fortpflanzung bedarf es nur eines Rumpfes, einer funktionierenden Gebärmutter, versorgt von lebensnotwendigen Organen. Der Tod ist allgegenwärtig. Der Weg der Mägde, die jeweils zu zweit in Läden geschickt werden, um Gutscheine gegen Lebensmittel zu tauschen, führt an einer Mauer vorbei, an der zur Abschreckung Gehenkte hängen. Eine ernsthafte Krankheit, ein schleichendes Leiden, der Verlust an Gewicht oder Appetit würde für die Mägde das Ende bedeuten. Während der „Errettungsfeiern" werden Todesurteile ausgesprochen und verhängt.
Den Frauen werden nicht nur Empfindungen abgesprochen, abgesprochen wird ihnen vor allem jede Erinnerung. Sie dürfen keine Geschichte haben, hieße dies doch, ihnen eine wie immer geartete Zukunft zuzugestehen. Aus diesem Grund bleibt ihnen die Schriftkultur verwehrt. So kennen denn die Geschäfte statt Aufschriften nur einfachste Symbole. In der Farbordnung – die Mägde sind rot gekleidet wie alles von roter Farbe ist, was mit Gebärfähigkeit assoziiert wird – steht die Zeit still. Auf ihre Funktion reduziert, sind die Mägde absolut austauschbar. Ihr Name setzt sich aus einem Possessivartikel und dem Vornamen jenes Mannes zusammen, dem sie zugeteilt sind. Erhängt sich eine der Mägde, so erhält jene, die ihr nachfolgt,

den Namen ihrer Vorgängerin. Sie erfahren weder etwas über ihre Vorgängerinnen, noch wird ihnen gesagt, was mit ihnen geschehen wird, haben sie das Kind geboren. Vergangenes wie Künftiges erschließt sich nur über Zeichen, die es zu deuten gilt. Dass der Kronleuchter wie alle Haken im Zimmer einer Magd abmontiert sind, mag ein Hinweis auf den Selbstmord einer Vorgängerin sein. Verschwindet jemand auf rätselhafte Weise, dann ist das eigene Verschwinden vorweggenommen, wird daran erinnert, dass es andere sind, die über Zukunft und Leben entscheiden. Es gibt zahllose Regeln, das Regelwerk selbst ist jedoch diskret. So leben selbst die, die sich an die vorgegebenen Regeln halten, in ständiger Ungewissheit: „Wer kann schon wissen, was funktioniert?"
Atwoods totalitär organisierte Gesellschaft funktioniert ähnlich wie die von ihr beschriebenen Automaten, die Gebete ausdrucken. Hat eine Magd ihre Identifikationsnummer eingegeben, wird ein bestimmter Betrag automatisch von ihrem Konto abgebucht. Die Auswahl an Gebeten ist allerdings begrenzt. Die Automaten kennen nur für wenige Anlässe Gebete, für Todesfälle, eine bevorstehende Geburt oder sündhaftes Verhalten. Während des Ausdruckes der Gebete werden diese von gleichförmigen metallischen Stimmen rezitiert. Papierberge häufen sich nicht an. Die Automaten schlucken das ausgedruckte Papier und verarbeiten es zu neuen, natürlich denselben Gebeten. Ähnlich maschinenhaft ist auch das Leben der Mägde organisiert. Verletzt jemand eines der Gesetze, so setzen sich Autos in Bewegung, um den Betreffenden zu verhaften und der Strafe zuzuführen. Aber das Lebendige ist ohne Unschärfen nicht denkbar. Menschen lassen sich nicht auf Funktionen reduzieren. Ganz abgesehen davon, dass sich die von den Mägden ständig erlebte Gewalt

höchst negativ auf die Reproduktionsbemühungen auswirken müsste, so ist Schwangerschaft für den Menschen mit vielfachen Bedeutungen verknüpft. Konsequenterweise tendieren denn die Menschen in Atwoods Roman dazu, sich in vielfältigsten Unschärfen einzurichten. Und so findet sich die Magd im Arbeitszimmer jenes Mannes wieder, von dem sie an Tagen ihrer höchsten Empfängnisbereitschaft wie ein Automat gefickt wird (die beiden spielen Scrabble). Dessen unfruchtbare Gattin legt ihr nahe, um zu einem Kind zu kommen, es doch besser mit dem Chauffeur zu versuchen, mag dies noch so verboten sein, den Tod zur Folge haben, sollte man dabei ertappt werden.
Gewalt und ihre ständige Androhung, die umfassende Überwachung der Menschen bis in die intimsten Lebensbereiche, radikale Einschränkung ihrer Bewegungsfreiheit, die Festlegung dessen, was zu geschehen hat, all das zählt ebenso zum Inventar totalitärer Herrschaft wie das Leben in ständiger Ungewissheit. Herrschaft solcher Art ist nicht allein inhuman, nicht nur eine Missachtung menschlicher Würde, sie ist auch höchst unökonomisch. Eine Gesellschaft wie die von Atwood beschriebene wäre nicht lebensfähig. Allein aus ökonomischen Gründen wäre sie zum scheitern verurteilt. Zuviel Arbeitsvermögen wäre allein in der unproduktiven Überwachung gebunden. Der damit verbundene hohe Reibungsverlust verstärkte sich noch durch jenen Widerstand, den die Unterworfenen ihrer Unterwerfung entgegenbrächten. Es ist eine einfache Erfahrung von Psychotherapeuten, dass sich das Verhalten von Menschen mit Druck oder mit Vernunft kaum ändern lässt. Sie können nur dann erfolgreich sein, wenn es ihnen gelingt, jene Energie zu nutzen, die in der Neurose oder Psychose gebunden ist. Übertragen auf Herrschaftssysteme sind Technologien effizienter,

denen es gelingt, die im Widerstand gebundene Energie zu nutzen.
In einem Interview meinte Atwood, all das, was sie in ihrem Roman beschrieben habe, lasse sich in der Geschichte der Menschheit finden. Sie verweist etwa auf die Reproduktionspolitik Rumäniens zur Zeit Ceaucescus, die Verhütungsmittel und Abtreibung unter Strafe stellte oder durch erzwungene Schwangerschaftstests wie Prämien die Geburtenrate zu erhöhen suchte. Verlassene Neugeborene wurden in Kinderheimen untergebracht. Kinder, die als stark und gesund galten, zweifelhafte Intelligenztests bestanden, wurden später für den Geheimdienst Securitate rekrutiert. Schwache, Behinderte und Zigeuner kamen in eigene Heime, um an den Folgen mangelnder Versorgung und Unterernährung zugrunde zu gehen. Vor allem bezieht sich Atwood auf die NS-Zeit. Einige Beispiele: Frauen, die in die Kolonien verbannt werden, fallen der Vernichtung durch Arbeit anheim. Sie können auch zwangssterilisiert werden. Auf den Krankenstationen werden Menschen getötet. Tätowierungen wie die Farbenordnung lassen nationalsozialistische Konzentrationslager anklingen. Als Vorlage für das von ihr beschriebene Züchtungsprogramm diente Atwood die SS-Organisation „Lebensborn“. An einer Stelle ihres Romans erwähnt sie ein Fernsehinterview mit einer Frau, der ehemaligen Geliebten eines brutalen Aufsehers in einem Konzentrationslager. Er sei kein Unmensch gewesen. Auch die Ich-Erzählerin des Romans gesteht dem Kommandanten menschliche Regungen zu.
Atwood hätte auch einen modernen Rinderbetrieb besuchen können. Da hätten sich genügend Mägde finden lassen, Mägde, die nur zu schnell verschlissen werden, Mütter, die gebären, aber nicht Mutter sind,

Väter, deren Ejakulat sich in ganz anderen Behältnissen findet als gedacht. Angesichts der Praktiken in der Rinderzucht wirken die von Atwood beschriebenen Reproduktionspraktiken reichlich antiquiert. Selbst die Möglichkeit einer verseuchten Welt verliert heute ihre Bedrohung, lässt sich doch früh genug bestimmen, ob ein Kind gesund oder krank zur Welt kommen wird.

MANGELHAFTE PRODUKTE

In den letzten Jahrzehnten ließ sich die Milchleistung des Rindes beachtlich steigern. Dies verdankt sich vor allem züchterischen Anstrengungen, die durch die Möglichkeiten der modernen Reproduktionsmedizin einen enormen Beschleunigungsschub erfahren haben. Züchtung bedeutet die Ausschöpfung des genetischen Leistungspotentials und die Selektion auf Leistung, Fruchtbarkeit, Langlebigkeit und Gesundheit mit der Konsequenz der Ausmerzung unwirtschaftlicher Individuen. Während es mit Hilfe der künstlichen Befruchtung bereits lange möglich ist, aus dem hochwertigen Samenmaterial weniger Zuchtstiere abertausende Nachkommen zu züchten, so waren beim weiblichen Zuchtmaterial enge Grenzen gesetzt.[1] Leistungsstarke Zuchtkühe wurden durch wenige Trächtigkeiten verbraucht. Die Möglichkeiten der heutigen Biotechnologie erlauben es, das Erbmaterial von Kühen besser zu nutzen. Während eine Kuh üblicherweise nur ein Kalb pro Jahr zur Welt bringen kann, lässt sich reproduktionstechnisch die Zahl der Kälber deutlich steigern.

Dies kann etwa dadurch geschehen, indem hormonell eine Superovulation ausgelöst wird. Mehrere Follikel erreichen das sprungreife Stadium, die Eizellen werden meist durch Mehrfachbesamung befruchtet, nach 6–8 Tagen aus der Gebärmutter gespült oder operativ entnommen. Die qualitativ hochwertigen Embryonen eignen sich gleichermaßen für den Direkttransfer auf andere Kühe wie für die Kryokonservierung in flüssigem Stickstoff bei -196°. Bis zum sogenannten 8-Zell-Stadium lassen sich die befruchteten Zellen trennen und einzeln zur Weiterentwicklung bringen. So werden aus einem Embryo bis zu acht genetisch identische

Nachkommen erzeugt. Selektionen bereits im Präimplantationszeitraum, etwa das Geschlecht betreffend, ermöglichen erhebliche zeitliche Vorteile und ersparen unnötige Tragezeiten.
Eizellen lassen sich auch direkt aus den Eierstöcken entnehmen. Im Gegensatz zur Superovulation, bei der die Embryoentwicklung im Körper abläuft, bedarf es bei der In-vitro-Produktion einzig einer gesunden Follikeldynamik im Eierstock. Jede weitere Entwicklung geschieht außerhalb des Körpers. Eizellen lassen sich bereits vor der Geschlechtsreife und selbst bei Kälbern gewinnen. Follikelpunktionen können auch bei Kühen durchgeführt werden, die geschlachtet werden mussten. Insgesamt lassen sich bei der Superovulation weniger Embryonen, aber dafür solche mit guter Qualität gewinnen. Die In-vitro-Produktion kann zwar auf eine größere Menge an Eizellen zurückgreifen, allerdings sind die so gewonnenen Embryonen von geringerer Qualität. Die künstliche Besamung ist als Reproduktionstechnik tiefgreifend integriert. Weiters ermöglicht es die Gentechnik, die Erbanlagen der Tiere zu analysieren, einzelne Gene zu identifizieren, zu isolieren und gezielt in einen anderen Organismus einzubringen. So lässt sich Erbgut maßgeschneidert kombinieren.
Die Reproduktionstechnologie birgt nicht nur die Gefahr von Zyklusstörungen oder Zystenbildungen in sich, in letzter Konsequenz hat sie monströse Kreationen zur Folge. Der russische Biologe Konstantin Mereschkowskij, übrigens ein radikaler Eugenikbefürworter, fürchtete bereits vor hundert Jahren Auswüchse züchterischer Bemühungen, Kühe, bei denen sich alles auf ein Minimum beschränkt, was nicht der Milchleistung dient: „Der Kopf ist so klein wie der eines Kalbes, die Hörner wurden fortgeschafft, desgleichen ein großer Teil der Muskeln; die Knochen sind fein und

zierlich und die Extremitäten so schwach, dass die armen Tiere nicht gehen, ja sich kaum auf ihren Füßen halten können und fast immer, ohne sich zu rühren, daliegen. Diese Rasse gibt außerordentlich viel Milch, verbraucht wenig Futter und frisst nur Erbsen und Bohnen."[2] Heutige Hochleistungskühe haben so große Euter, dass sie in ihrer Bewegungsfähigkeit ernsthaft eingeschränkt sind, es sind Kühe, die nur noch in künstlich geschaffenen, technischen Biotopen lebensfähig sind, Kühe, die einer lebenslangen Medikation bedürfen, Kühe, die kein klares Brunstverhalten mehr zeigen. Ob Hormonstimulation, Superovulation oder In-vitro-Produktion, all das dient längst nicht mehr nur der Leistungssteigerung, sondern dem Bemühen, den negativen Folgen einer Züchtung, die einzig auf Leistung gesetzt hat, entgegenzuwirken. Zweifellos wird dem Rind in absehbarer Zeit der Pansen, der es befähigt, Heu und Stroh zu hochwertigem Eiweiß zu verarbeiten, weggezüchtet werden, geht doch bei solcher Magentätigkeit zu viel Energie verloren, was der Milchleistung Grenzen setzt.

Heute liegt die durchschnittliche „Nutzungsdauer" einer Kuh bei bestenfalls vier Kälbern bzw. vier Laktationsperioden. Im Widerspruch zu den züchterischen Bemühungen hat die Nutzungsdauer der Milchkühe in den letzten vierzig Jahren deutlich abgenommen. Als Gründe dafür werden ungenügende Fruchtbarkeit bzw. Fruchtbarkeitsstörungen genannt. 2/3 aller Kühe werden während der dritten Laktationsperiode wegen eines Problems in den Bereichen der Fruchtbarkeit, Euter oder Klauen aussortiert. Das ist für die Betriebe mit enormen Kosten verbunden. Längst ist offensichtlich, dass eine höhere Milchleistung mit einer kürzeren Nutzungsdauer, also Lebenserwartung einher geht. Um es anders zu formulieren: Dank ihrer Herstellung

tragen all diese Tiere von Beginn an den Keim des Abfalls in sich.
Sergej Eisenstein, um die Bedeutung der Zucht wissend, lässt in seinem Film *Die Generallinie* (1926/29) einen modernen Minotaurus erstehen: Eine Kuhherde bewegt sich über ein Feld. Ein mächtiger Stier wächst aus dieser Herde heraus, so groß, dass er die Wolken berührt. In rasch montierten Bildsequenzen ergießen sich Regenströme, Bäche (Sperma), Milchflüsse. Das Ergebnis der Vermählung ist nicht ein Kalb, sondern eine Serie völlig identer Kälber, die in einer langen Reihe in einem Stall stehen. Wie der Minotaurus so trägt der Zuchtbulle bereits die Merkmale der Maschine. Beides sind künstliche, maschinelle Produkte. Der Zuchtbulle ist ein Produkt der technisierten Landwirtschaft. Minotaurus entstammt einer Maschine. Pasiphaë, die Gemahlin des Minos, verliebte sich in jenen schönen Stier, den Poseidon aus dem Meer gesandt hatte. Sie ließ sich vom Erfinder Daedalus einen bronzenen Apparat bauen, der innen hohl war, außen aber an eine Kuh erinnerte. In dieser hohlen Kuh, die der Stier dann bestieg, verbarg sich Pasiphaë, um sich mit ihm zu vereinigen. Aus dieser Vereinigung ging der Minotaurus hervor, eine Gestalt mit menschlichem Körper und dem Kopf eines Stieres. Bei dem von Daedalus gebauten Apparat handelt es sich weniger um eine Maschine als um die Attrappe einer Kuh, um eine Art Futteral. Heutige Zuchtstiere bespringen tatsächlich Attrappen, ob Stiere oder Kühe, sie werden, obwohl Lebewesen, zunehmend als Automaten verstanden. Infolge von Züchtungsbemühungen unterliegen sie zunehmend einem enger definierten Design, welches nicht nur die Leistung betrifft. Tiere haben sich den Maschinen anzupassen, sowohl was ihre Größe oder auch ihr Verhalten betrifft. Die heutige Gentechnik ermöglicht

es, Tiere ähnlich wie Maschinen aus einzelnen Komponenten zu schaffen. Während Descartes oder Buffon entsprechend ihrer Vorstellung, Tiere besäßen im Gegensatz zum Menschen keine Seele, von „tierischen Maschinen" sprachen, haben wir es nun tatsächlich mit tierischen Maschinen zu tun.

Am 3. März 1954 war in der *Süddeutschen Zeitung* unter „Lohengrin in der Ampulle" zu lesen, bereits zwanzig Prozent des Rindernachwuchses gingen aus künstlicher Befruchtung hervor: „BHS-Bullen sind ‚hohe Tiere', hören auf klassisch-romantische Namen wie ‚Achilles, Pluto, Lohengrin …', tummeln sich wohlgenährt in komfortablen Ställen oder auf saftigen Weideplätzen. Zwei bis dreiwöchentlich wird ihnen das Erbgut abgenommen und nach mikroskopischer Untersuchung und Immunisierung in Glasröhrchen versandbereit gemacht. Auf Bestellungen von Bauern hin, die der Tierarzt an die Zentrale weitergibt, trifft dann bei diesem ein ‚großer Kasten' ein: ‚Anbei erhalten Sie zweimal 5 ccm ‚Lohengrin', E [Ejakulat] Nr. 265, Tag der Entnahme: 27.2.54.'"

Diesen Zeitungsbericht zitierte Hedwig Conrad-Martius in ihrem Buch *Utopien der Menschenzüchtung* (1955), in dem sie sich mit frühen Eugenikern wie Alfred Ploetz beschäftigte. Conrad-Martius merkte an, es sei keinesfalls Sentimentalität, wenn es uns kalt überlaufe bei dem Gedanken an eine „weithin verwirklichte Übertragungsmöglichkeit dieser züchterischen Methoden auf den Menschen."[3] Dies laufe auf eine grundsätzliche Trennung des Geschlechtsverkehrs von der Zeugung hinaus. Wenige Jahre zuvor schrieb der Architekt Sigfried Giedion in seinem Standardwerk *Die Herrschaft der Mechanisierung* (1948), mit der künstlichen Befruchtung in der Tierhaltung sei ein gefährlicher Punkt erreicht, werde so die Zeugung doch zu einem mechanisierbaren Vorgang: „Die Mechanisierung hat vor der lebenden Substanz haltzumachen. Eine neue Einstellung ist erforderlich, wenn hier an die Stelle von Verwüstung und Raubbau wirkliche Meisterung der Natur treten soll.“[4]

Wie Conrad-Martius konnte sich auch Sigfried Giedion nicht vorstellen, welche reproduktionstechnologischen Möglichkeiten sich zu dem – technisch betrachtet – banalen Verfahren der künstlichen Befruchtung hinzufügen sollten. Und tatsächlich sind die in der Rinderhaltung gesammelten Erfahrungen längst auf den Humanbereich übergeschwappt, und es steht zu befürchten, dass auf die Behandlung von Fortpflanzungsstörungen nur allzu schnell züchterische Anstrengungen folgen, die wohl ähnliche Monstrositäten hervorbringen werden wie wir sie heute in der Tierzucht beobachten können. Wie in der Rinderzucht wird auch beim Menschen das Leben künftighin nicht mit der Zeugung, sondern mit einem Aktenstück beginnen. Ein mit Hilfe der Biotechnologie produzierter Mensch wird vor allem ein mangelhaftes Produkt sein, selbst dann, verdankt er seine Existenz geprüftem und „hochwertigem“ Erbmaterial. Er wird im Wissen leben müssen, dass nachfolgende Generationen (Serien) mit glänzenderen Brusthaaren, größeren Brüsten, leistungsfähigeren Gehirnen, mit einer höheren Toleranz gegen radioaktive Stoffe, mit geringerer Allergieneigung und so fort ausgestattet sein werden. Reproduktionsmedizin und Humangenetik versprechen einen schönen, gesunden und störungsfreien Menschen, dabei gerät dieser in die Verwandtschaft zu Staubsaugern, Autos oder anderen trivialen Konsumgegenständen.

Menschen sind keine Tiere, Frauen kann man nicht mit Rindern vergleichen, mag das Körpergeschehen noch so ähnlich sein, mögen dieselben Medikamente zum Einsatz kommen, wenn auch aufgrund des unterschiedlichen Körpergewichts in anderer Dosierung. Im Gegensatz zu Tieren ist die Fortpflanzung beim Menschen in höchstem Maß mit Bedeutungen überfrachtet. Während Kühen die Reproduktionsmedizin buchstäblich angetan wird, fügt sich nun der Mensch aus eigenem Antrieb in ihre Versprechungen.

---

1 Im Durchschnitt lassen sich pro Ejakulat 400 Portionen mit je 20 Millionen Spermien herstellen. Ein Besamungsbulle kann etwa 1.000 Natursprungbullen ersetzen.

2 K[onstantin] S. Mereschkowskij, *Das irdische Paradies oder Ein Winternachtstraum*, Basel 1997 (dt. 1903), S. 117.

3 Hedwig Conrad-Martius, *Utopien der Menschenzüchtung*, München 1955, S. 182.

4 Sigfried Giedion, *Die Herrschaft der Mechanisierung*, Frankfurt am Main 1987, S. 287.

Während in der Futterbereitung sehr früh Maschinen zum Einsatz kamen, Mäh- und Wendemaschinen, Ladewagen oder Häcksler, hat sich die Rinderhaltung lange nicht wirklich mechanisieren lassen. Bestenfalls sind Aufstallungssysteme zu nennen, welche die Fütterung oder auch die Entmistung erleichtern sollten. Die Rinderhaltung wurde durch all diese Neuerungen nicht revolutioniert, mochte die Stallarbeit auch weniger zeitaufwändig geworden sein. Als entscheidender Paradigmawechsel ist die Einführung von Laufställen zu nennen, also von Systemen, deren Konzeption sich konsequent Erkenntnissen und Erfahrungen der Verhaltensbiologie, Mechanik und Informatik verdanken. Zwar beklagten Tierschutzvereine schon lange das angeketteten Kühen zugefügte „Leid", dass sich Laufställe aber so rasch durchgesetzt haben, ist weniger Folge tierschützerischer Bemühungen als ökonomischer Interessen wie technischer Voraussetzungen. Die Argumente von Tierschützern sagen dabei weniger etwas über Tiere aus als über eine Gesellschaft, zu deren heilsversprechenden Phantasmen insbesondere die uneingeschränkte Bewegung zählt. Nur ein Mensch in Bewegung sei ein gesunder Mensch, nur ein Mensch in Bewegung könne Erfolg haben. Fortschritt sei nur möglich, sei die Bewegungsfreiheit nicht eingeschränkt.

In der heutigen Rinderhaltung ist die „freie" Bewegung (man vergesse die vielen Absperrungen nicht) perfekt organisiert. In der Werbung eines Herstellers liest sich das so: „In einem Stall mit dem automatischen Melksystem von VMS kommen die Kühe dann zum Melken, wann sie es selbst wollen. Dabei fällt auf, wie ruhig und entspannt die Kühe in diesem System sind. Wenn im Melkstand zu festen Melkzeiten gemolken wird, bestimmt der Mensch die Routine im Stall. Mit dem freiwilligen Melksystem VMS von DeLaval haben die Tiere ihre eigene Routine."[1] Technik habe sich den Tieren anzupassen, nicht umgekehrt. Die Kühe könnten ihr natürliches Verhalten zeigen, sie würden selbst entscheiden, wann sie gemolken werden wollen und der Melkvorgang geschehe in entspannter, ruhiger Atmosphäre. Dass Kühe die Melkstation aus eigenem Antrieb aufsuchen, verdankt sich dem ausgeschütteten Kraftfutter, einer „Lockfuttergabe": „Während des Melkens wird Kraftfutter in kleinen Mengen zugeteilt. Die Futterausgabe wird rechtzeitig vor Melkende gestoppt, sodass die Kuh nach dem Melken die Melkstation schnell verlässt. Kühe, die sich wohl fühlen, lassen sich besser und schneller melken, und sie geben mehr Milch."[2] Der Zugang zum Melkstand ist reglementiert. Es bedarf einer Zugangsberechtigung. Das abgegebene Kraftfutter ist wohl dosiert. Und dann liefert jede Kuh beim Passieren des Melkstandes die für ihre Bewirtschaftung nötigen Daten. Kühe lassen sich mit Hilfe von Kraftfutter, trockenen Liegeflächen oder Fluchtwegen leicht steuern. Ob Kraftfutter, Silage, Wasser, Liegeflächen oder Wellnessgeräte, all diese Dinge werden als Konsumangebote gedacht. Hersteller versichern, jeder „Luxuskonsum" sei ausgeschlossen.

Im Gegensatz zu Rindern leben wir tatsächlich in einer optionalen Gesellschaft, in der jeder ständig angehalten ist, zwischen unterschiedlichsten Angeboten zu wählen, selbst dann, sitzen wir allein vor dem Internet. Als Beispiel genügt eine beliebige Sexseite. Schon auf dem Portal wird eine große Wahlfreiheit versprochen. Da finden sich zahllose Kategorien zur schnellen Orientierung: Amateursex[aufnahmen], noch mehr Amateursex, asiatische, schwarze, blonde, rote, junge, alte,

dicke, dünne, rasierte, behaarte und so weiter Frauen, Analsex, Oralsex, Fäkalsex, Gruppensex, Fetisch, schwul und lesbisch, Frauen in Uniformen, als Krankenschwestern, auf Schreibtischen, in der Küche, in Badewannen, Frauen, denen in Mund und Gesicht ejakuliert oder uriniert wird. Wer das Bedürfnis hat, dem öffnet sich der Blick in zahllose Mösen. Und wer es genau wissen will, der kann seinen Blick selbst auf die Portio werfen, so als sei er Gynäkologe: „This really is the biggest dildo fuck in the world! No fakes, she fucks that huge dildo in her cunt hard! Don't miss the big one! / This is a live fist fucking concert. A blonde slave girl is getting fisted hard and whipped in front of hundreds of spectators! / We are bringing you every man's fantasy. Two (or more!) incredible girls sharing a cock. Sucking, fucking and making our guys the happiest guys on the planet for 30 minutes. / If you enjoy ladies wearing glasses while getting face shots ..."
Es wird vor allem manipuliert, am eigenen Körper, an Körpern anderer, mit Hilfe zahlloser Gegenstände, die sich einführen lassen. Manipulierend auch der Betrachter vor dem Bildschirm. Ihm wird das Gefühl vermittelt, er sei es, der die Wirklichkeit mache, dabei ist er selbst ein mediales Produkt, bereits zugerichtet, noch ehe er den ersten Mausklick macht. Wir haben es mit einer distanzlosen, mechanisierten Interaktion zu tun. Es bedarf nur einiger Tastendrücke, um kopulierende Menschen, spermatriefende Geschlechtsteile, Gesichter und Münder zu sehen, und würde man es ertragen, dann sähe man wie Frauen an den Haaren gezerrt, gewürgt oder geschlagen werden. Sexfilme kennen – ähnlich der Kür von Eiskunstläufern – festgelegte Positionen und Bewegungen.
Nicht nur das Medium ist distanzlos, auch die Akteure sind es, die sich aus der Dunkelheit des Schmutzigen

und Verbotenen erheben. Was immer sie vor der Kamera machen, aufeinander bezogen sind sie nicht. Da lassen sich Frauen Schwänze bis zum Erbrechen tief in den Schlund stecken. Und dennoch blicken sie in die Kamera. All diese Menschen sind nahezu beliebig austauschbar. Auffallend vor allem: Versprochen wird Lust, dabei wird gearbeitet. Galt sexuelle Betätigung einmal als etwas der Arbeit Abgetrotztes, als etwas jenseits aller Ökonomie Liegendes, so wird nun buchstäblich gearbeitet (oft genug haben wir es mit „Zwangsarbeit" zu tun). Dies gilt nicht nur für die Akteure vor der Kamera, sondern auch jene, die vor dem Internet sitzen und ständig nach neuen Bildern suchen. Die Lustsimulatoren arbeiten besonders hart. Die Produktion verlangt Körperstellungen, die so niemand einnähme, denkt doch niemand daran, dass die Genitale stets für das Kameraauge wie den Betrachter sichtbar sein sollen. Arbeit ist es, so lange in einen anderen Körper einzudringen, sich so lange und so oft penetrieren zu lassen, bis genügend Bildmaterial verfügbar ist. Wer immer Pornos anschaut, sieht Menschen bei der Arbeit. Auch die Zuchtstiere – man hat sie mittels einer an ihrem Nasenring befestigten Kette an ein Laufband gehängt – leisten Arbeit. Sie werden zu Bewegungen gezwungen, die weder ungestümes Aufbäumen noch ein Innehalten erlauben. Sie leisten Arbeit, bespringen sie eine ausgemusterte Kuh oder eine Atrappe, ejakulieren sie statt in ein Kuhgeschlecht in eine Plastikröhre. Auch die Kühe sind Arbeiterinnen, ganz gleich, ob sie nun der Embryonenproduktion oder der Milchgewinnung dienen. Hochleistungskühe leisten eine Art Fließbandarbeit, mögen sie sich auch selbst anstelle eines Bandes bewegen. Übrigens besteht zwischen Fabriksgebäuden und solchen Hallen kein nennenswerter Unterschied. Und zur Fabriksarbeit fügt sich zwangs-

läufig die Vorstellung von Freizeit. Heute finden sich in der Rinderhaltung Begriffe, die dem Freizeitverhalten entlehnt sind. Hersteller von Aufstallungssystemen sprechen von „Wohlfühlfaktor“, „Liegekomfort“, „Fitness“ und ähnlichem.
Wir danken es den Rindern nicht. Sie werden ausgemustert, sinkt ihre Leistung unter den geforderten Wert. Und man dankt es ihnen nicht einmal dadurch, dass man sie selbst tötet. Ich weiß nicht recht, ob ich es bedauern oder gutheißen soll, dass Kühe nicht um ihr Arbeiterinnendasein wissen. Sicher ist, in der heutigen Rinderhaltung schrumpft das Individuelle einer Kuh auf das eines Huhnes in den ersten größeren Geflügelbetrieben. Es sind keine Kühe mehr, in denen man sich versteckte Götter vorstellen kann, es sind keine Kühe mehr, bei denen Kinder Trost suchen. Baudrillard bemerkt, Götter könnten nur „in Tieren leben und sich verstecken, nur im Reich des Schweigens und des objektiven Stumpfsinns“, um dann hinzuzufügen, die Landverteilung sei die einzige Möglichkeit gewesen, sie zu vertreiben, müssten doch Götter „wie Tiere von einer Weide zur nächsten ziehen dürfen.“[3] Wenn schon Zäune auf Weiden dazu angetan sind, die Götter zu vertreiben, um wieviel weniger kann man sie sich in heutigen Ställen mit ihren vielen Absperrgittern denken.
Wir glauben wählen zu können, dabei ist das Angebot reichlich stereotyp. Das Entscheidende liegt an anderer Stelle. Die behauptete Wahlmöglichkeit setzt endlos die Erfahrung fort, das Ideal, die Erfüllung oder Befriedigung nicht endgültig gefunden zu haben. An die Stelle von wahren Obsessionen treten Konsumangebote, die zur ständigen Wiederholung zwingen. Wählen zu können, und zwar zwischen Produkten, ist das große Versprechen des modernen Marktes. Ich erinnere mich an eine Talkshow, in der ein Politiker meinte,

dank des freien Marktes hätten wir nun die Möglichkeit, zwischen roten, gelben und grünen Telefonapparaten zu wählen. Nicht länger sei durch andere festgelegt wie ein Telefon auszusehen habe. Tatsächlich wiegt der damit verknüpfte Zwang schwerer als die damit verbundene Freiheit. Ähnlich Pornoseiten wird Befriedigung und Differenz versprochen. Tatsächlich werden wir stets auf die Suche nach dem nicht existierenden Ultimativen geschickt, und finden wir es nicht, dann liegt es in einer Art Schuldumkehr an uns selbst. Konsumieren ist heute zu einer neuen, und zwar unbezahlten Arbeit geworden.
Im Gegensatz zum Menschen haben Kühe keine wirklichen Wahlmöglichkeiten, setzt doch jede Wahlmöglichkeit eine freie Entscheidung voraus, damit verbunden die Fähigkeit, eigenes Verhalten zu reflektieren und die Folgen einer Entscheidung zu antizipieren. Natürlich müsste eine Kuh den Melkstand nicht passieren, sie bräuchte auch keinen Kraftfutterautomaten aufzusuchen und so fort. Letztlich sind die modernen Gesellschaften nicht wesentlich anders organisiert. Wie Kühe werden auch wir ständig in Bewegung gehalten, in einem Zustand, in dem ständig die Befriedigung von Bedürfnissen versprochen wird. Freilich denken wir nicht allein an Kraftfutter, aber nicht anders als Kühe passieren wir tagtäglich zahllose Schnittstellen, die sich in ähnlicher Weise in computergesteuerten Rinderställen finden. Das versprochene Glück ist da wie dort unsicher. Dort ist es von der Milchleistung abhängig, da setzt Teilhabe am diesseitigen Paradies Geld voraus. Während Kühe aussortiert werden, sollte ihre Milchleistung oder ihre Fruchtbarkeit nicht mehr den Erwartungen entsprechen, neigen Menschen in unserer Gesellschaft, die von der Teilnahme ausgeschlossen sind, dazu, sich selbst auszusortieren.

Am Ende von Werner Herzogs Film *Stroszek* (BRD 1976) kommt Bruno nach einer ziellosen Fahrt durch Amerika in ein Indianerreservat. Nicht nur der Film geht zu Ende, Brunos Leben, durch zahllose Versprechen des Konsums getrieben, hat längst jeden Sinn verloren. Auf dem Parkplatz vor der Talstation eines Sesselliftes lässt Bruno sein Abschleppfahrzeug im Kreis fahren. Bruno überlässt das Fahrzeug sich selbst. Im Inneren des Gebäudes sind in kleinen Boxen hinter Glas tierische Automaten zu sehen, alle auf ein absurdes Verhalten trainiert. Da gibt es ein tanzendes Huhn, ein anderes spielt Klavier, eine Ente setzt eine Fußtrommel in Bewegung, ein Kaninchen die Räder einer Lokomotive. All diese Tiere tun gerade das nicht, was sie zu tun vorgeben. Das eine Huhn tanzt genausowenig wie das andere Klavier spielt. Der einzige Sinn all ihrer Bewegungen besteht darin, Futter zu erhalten. Bruno, er hat ein Gewehr bei sich, setzt den Sessellift in Bewegung und fährt nun auch im Kreis. Wir hören einen Schuss. Bruno hat sich getötet. In der genau montierten Schlusssequenz wieder die tierischen Automaten, die immer noch die selben Bewegungen ausführen. Der Polizist: „We can't stop the lift. We can't stop the dancing chicken."

1 Werbeeinschaltung des Herstellers DeLaval; in: *Stallinvest*, Hannover 2006.

2 DeLaval, *VMS – das automatische Melksystem von DeLaval*, Werbebroschüre 2007.

3 Jean Baudrillard, *Cool memories. 1980–1985*, München 1989, S. 34.

DIE LETZTE KUH

Die in der modernen Ökonomie organisierte Rinderhaltung lebt von der Vorstellung einer steten, allerdings nicht zyklischen Zirkulation. Nahezu unabhängig von Jahresrhythmen wird gleichbleibend eingespeist und ausgeschieden. Das Rind mit seinem Verdauungsapparat und Milchdrüsen bildet darin nur eine Schnittstelle, ein lebendiges Labor, mit dessen Hilfe sich Silage, Sojaschrot und andere Substanzen in den Rohstoff Milch verarbeiten lassen. Entsprechend der industriell-technischen Organisation geht es dabei um Mengen und Massen. Als radikale Umkehrung der damit verbundenen Vorstellungen sei Marlen Haushofers Roman *Die Wand* (1963) erwähnt.

Eine Frau erwacht eines Morgens allein in einer Jagdhütte im Gebirge und sieht sich eingeschlossen von einer unsichtbaren und undurchdringlichen Wand, hinter der alles Leben erloschen ist, Menschen und Tiere zu Stein erstarrt sind. In der Folge beginnt für die Frau, ihr Name bleibt unerwähnt, ein täglicher Kampf ums Überleben. Das Ende der Vorräte ist abzusehen, die zehn Pakete Zünder, ungefähr viertausend Hölzchen, werden trotz größter Sparsamkeit in fünf Jahren verbraucht sein, ebenso die Munition. Das vorhandene technische Gerät ist entweder nicht zu gebrauchen oder mangelhaft. Ein Schubkarren, der die Arbeit erleichtern würde, fehlt wie anderes. Vorhanden sind neben einem Kugelschreiber drei Bleistifte, etwas Papier.

Haushofers Roman sei nicht zuletzt deshalb erwähnt, haben wir es doch ähnlich wie in de Sades Episode oder Wedekinds Erzählung mit einer Enklave, mit einer Binnenökonomie zu tun. Während jedoch die Klause der Mönche wie Wedekinds Parklandschaft geheime

Verbindungen zur Außenwelt kennt, ist hier die Wand undurchdringlich, sieht man einmal vom Bach ab, der einen unterirdischen Weg gefunden hat. Eine Robinsoniade, die zahllose Anspielungen auf Daniel Defoes *Robinson Crusoe* kennt, etwa das Fernglas. Wie Robinson Crusoe findet sich auch hier die Ich-Erzählerin plötzlich allein ausgesetzt, da wie dort werden Tage festgehalten, wird Tagebuch geschrieben. Aber was für ein Unterschied. Defoes Geschichte liest sich wie eine bunte Szenenabfolge eines Theaterstückes, in dem der Autor alles bemüht, was das damalige Publikum erwartete: ein Schiffbruch, ein Erdbeben, Kannibalen, Meuterer und so fort. Bei Haushofer wird man vergeblich nach vergleichbaren Bildern suchen. Während Robinson dank allerlei handwerklichen Könnens sein Überleben sichert, ist dieses bei Marlene Haushofer nur möglich, treiben Kartoffeln und Bohnen, wirft die einzige Kuh ein Kalb. Da es keinen Stier gibt, wird die Kuh Bella nur dann weiterhin Milch geben, bringt sie ein Kalb zur Welt. Bella wirft ein Stierkalb und gibt wieder Milch. Nun ist auch denkbar, dass dieses Kalb, zum Stier herangewachsen, die Mutter decken wird. Am Ende des zweiten Sommers erschlägt ein plötzlich aufgetauchter Mann den Stier mit einer Axt. Die Frau erschießt ihn und kehrt in ihr Jagdhaus zurück und beginnt, die Ereignisse der vergangenen zwei Jahre aufzuzeichnen, in der Hoffnung, dass ihr Bericht einmal gelesen wird. Unklar bleibt, ob der Stier seine Mutter erfolgreich gedeckt hat. Wie zu Beginn des Romans stellt sich am Ende der Tagebuchaufzeichnungen die Frage, ob Bella trächtig ist.

Als die Ich-Erzählerin in einer der leerstehenden Almhütten ein Kartenspiel findet, denkt sie sich ein Spiel aus und legt nach eigenen Regeln abends Karten. Haushofers Roman ist in vergleichbarer Weise organisiert.

Auch da werden Karten gelegt, wobei stets unklar ist, ob es sich um eine gute oder schlechte Karte handelt: „Viele Abende habe ich damit verbracht, die alten Tarockkarten zu legen. Ihre Figuren waren mir so vertraut, als hätte ich sie schon ewig gekannt. Ich gab ihnen Namen, und einige mochte ich lieber als die andern. Meine Beziehungen zu ihnen wurden so persönlich wie zu den Figuren eines Romans von Dickens, den man schon zwanzigmal gelesen hat."[1] Stets wiederholen sich im Roman dieselben Anstrengungen, Bemühungen und Ängste. Mag sich die Zeit auch ändern, mögen Tiere verschwinden oder umkommen, so wird doch keine Geschichte erzählt: „Ein neues Reh wächst heran, ein anderes Tier rennt ins Verderben."[2]
Defoes *Robinson Crusoe* ist als Anleitung zu einer ökonomischen Lebensführung zu betrachten. Seine Inselwelt lässt an eine Spielzeugwerkstatt denken, mit deren Hilfe sich Probleme sinnvollen Haushaltens an einfachen Beispielen erläutern lassen. Dies klingt bereits in den mahnenden Worten des Vaters zu Beginn des Buches an. Ob Nägel, Bretter oder Werkzeuge, Crusoe listet all das Angehortete penibel auf. Er zählt nicht nur Tage, sondern auch die getöteten Kannibalen. Ökonomischer Erfolg, so behauptet die Geschichte, verdanke sich zielgerichtetem und sparsamem Umgang mit den verfügbaren Mitteln, vor allem aber Selbstdisziplin. Kaum auf seiner Insel notdürftig eingerichtet, bilanziert Robinson Crusoe zwischen Soll und Haben, setzt die gegebenen Möglichkeiten gegen das Verlorengegangene. Mit keinem Menschen sprechen zu können, keinen Trost bei anderen zu finden, sieht er durch jene Güter aufgewogen, die er aus dem Wrack an Land zu schaffen vermochte. Wohlstand ist der gerechte Lohn Gottes für harte und ehrliche Arbeit. Am Ende wird Robinson Crusoe denn auch mit jenem Reichtum

belohnt, der sich während seines Insellebens von achtundzwanzig Jahren, zwei Monaten und neunzehn Tagen in seiner brasilianischen Plantage akkumuliert hat. Auch die von Haushofer beschriebene Gebirgsenklave ist überschaubar. Möglicherweise hatte die Autorin jene gläsernen Halbkugeln mit Miniaturlandschaften vor Augen, in denen es zu schneien beginnt, schüttelt man sie nur kräftig. An die Stelle von Menschen sind wenige Tiere getreten, Luchs, der Hund des nicht zurückgekehrten Besitzers des Jagdhauses, eine zugelaufene Kuh und eine Katze. Dem Hund kommt die Funktion eines Freundes (ein anhänglicher und ungefährlicher Liebhaber) zu, der Kuh Bella die Funktion einer nährenden Mutter wie die einer tröstenden Schwester. Die Katze ist indifferent, kennt sie doch gleichermaßen den Wald wie das Haus. Der Hund Luchs ist dem Ofenloch, die Katze dem Bett wie dem Fenster zugeordnet. Für Bella soll die Schlafkammer geräumt und darin ein Stall eingerichtet werden: „Es wäre mir eine große Beruhigung, sie durch die Tür zu hören und sie ganz nahe und in Sicherheit zu wissen.“[3] Die Sorge um die Tiere durchzieht den ganzen Roman, die Angst, es könnte ihnen etwas zustoßen, sie könnten unversorgt bleiben, nicht mehr zurückkehren. Immer wieder beschäftigt sich die Ich-Erzählerin mit einer möglichen Trächtigkeit Bellas. Ein Kalb bedeutet dabei nicht allein Milch, sondern auch die Vorstellung, dass das Leben weitergehe: „Es war so wichtig für mich, daß Bella ein Kalb bekam. Anders hätte ich sehr bald für zwei völlig nutzlose Tiere schwer arbeiten müssen, die zu töten ich nicht fähig gewesen wäre.“[4] Die Kuh muss gefüttert und gemolken werden. Sie bedeutet nicht nur Besitz, sondern auch eine Verpflichtung, etwa jene, sie nicht im Stich zu lassen. Die Uhren mögen still stehen, selbst das letzte Zündholz mag verbraucht sein,

Zukunft wird es erst dann keine mehr geben, trägt die letzte Kuh keinen Keim neuen Lebens in sich. Bei Haushofer wird die Kuh zum Muttertier schlechthin, als Nährerin, als Gebärerin und als Empfangende neuen Lebens, mag dabei auch der Sohn zum Vater werden.

Der Roman überzeugt vor allem dort, wo die Kuh der Ich-Erzählerin letztlich trotz aller Vertrautheit fremd bleibt: „Sie schaut mich an aus ihren sanft-verrückten Augen, drängt die breite Stirn an mich und läßt sich die Hornansätze kraulen. Ich bin warm und lebendig, und sie spürt, daß ich ihr wohlwill. Mehr werden wir nie voneinander wissen."[5] Dies allerdings mit der Einschränkung der Ich-Erzählerin, im Grunde habe sie auch nie mehr über Menschen gewusst, nur sei es eben leichter, eine Kuh oder eine Katze zu lieben als einen Menschen.

Letztlich bleibt das Verhältnis der Ich-Erzählerin zu den Tieren, die sie umgeben, zwiespältig. Sie weiß um ihr Mensch-Sein, weiß, dass sie im Wald das einzige Wesen ist, welches recht oder unrecht tun kann: „Vielleicht fürchte ich, wenn ich anders könnte, würde ich langsam aufhören, ein Mensch zu sein, und würde bald schmutzig und stinkend umherkriechen und unverständliche Laute ausstoßen. Nicht daß ich fürchtete, ein Tier zu werden, das wäre nicht sehr schlimm, aber ein Mensch kann niemals ein Tier werden, er stürzt am Tier vorüber in einen Abgrund. Ich will nicht, daß mir dies zustößt."[6]

Robinson Crusoe ringt der Natur Stück für Stück ab, wiederholt gleichsam im Zeitraffer die wichtigsten Schritte der Zivilisationsgeschichte. Dem Jäger und Sammler gelingt es bald, Tiere zu domestizieren, auch, Getreide zu pflanzen. Statt von der Hand in den Mund zu leben, betreibt er Vorratswirtschaft. Gleich zu Beginn seines Aufenthalts auf der Insel zimmert er sich Tisch

und Stuhl. Da er über keinen Topf verfügt, ist er gezwungen, das Fleisch erlegter Tiere wie die Wilden zu braten oder an der Luft zu trocknen. Als es ihm endlich gelingt, einen aus Lehm gebrannten Topf herzustellen, vollzieht er einen weiteren wichtigen Schritt der Zivilisationsgeschichte, nämlich den Übergang vom Gebratenen zum Gekochten. Er bäckt Brot. Schließlich stehen auf seinem Speisezettel auch Kuchen und Pudding.
Während Robinson Crusoe am Ende Gouverneur einer wenn auch kleinen und ausschließlichen männlichen Gesellschaft wird, droht die Natur in Haushofers Roman sich all das von Menschen Geschaffene zurückzuholen. Das Auto erweist sich als nutzlos, verrostet und wächst zu, die Uhren gehen verloren oder stehen still. Ist das letzte Blatt Papier beschrieben, dann hat auch die Schrift ihre Funktion verloren. Trägt die Kuh kein Kalb mehr aus, dann lässt sich bestenfalls noch auf der Stufe von Ackerbauern, Jägern und Sammlern leben. Ist das letzte Zündholz verbraucht, dann fällt der Mensch wieder auf jene Kulturstufe zurück, in der er das Feuer noch nicht zu beherrschen wusste. Die Natur holt sich all das ihr Abgetrotzte zurück: „Die Nesseln neben dem Stall werden weiterwachsen, auch wenn ich sie hundertmal ausrotte, und sie werden mich überleben. Sie haben soviel mehr Zeit als ich. Einmal werde ich nicht mehr sein, und keiner wird die Wiese mähen, das Unterholz wird in sie einwachsen, und später wird der Wald bis zur Wand vordringen und sich das Land zurückerobern, das ihm der Mensch geraubt hat. Manchmal verwirren sich meine Gedanken, und es ist, als fange der Wald an, in mir Wurzeln zu schlagen und mit meinem Hirn seine alten, ewigen Gedanken zu denken. Und der Wald will nicht, daß die Menschen zurückkommen."[7]

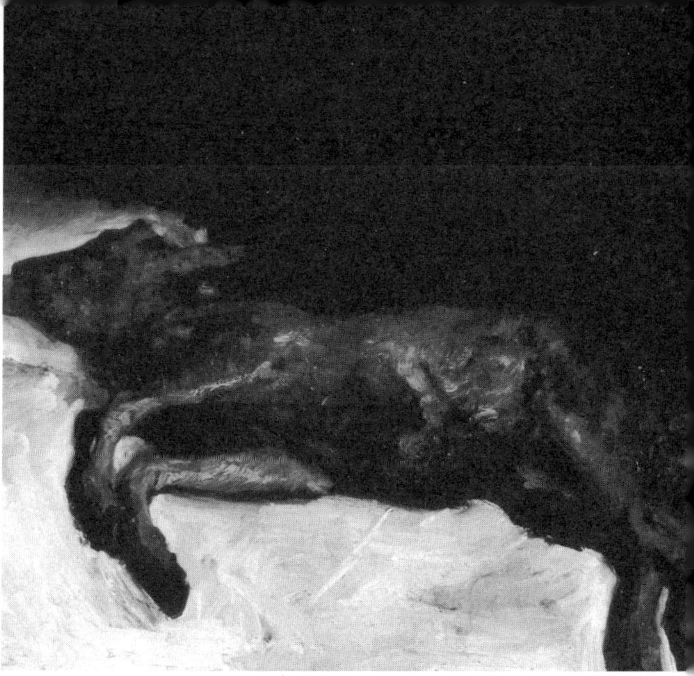

→ Die Ich-Erzählerin in Haushofers Roman: „Ich wartete bis zur nächsten Wehe und zog am Strick, und da war das Kalb, so plötzlich, daß ich vorspringen und es auf meinen Knien auffangen mußte. Ich ließ es sachte zu Boden gleiten, die Nabelschnur war schon gerissen.“ Vincent van Gogh, *Neugeborenes Kalb auf Stroh*, 1884. Privatbesitz.

Wie jeder literarische Text lässt sich auch Haushofers Roman strukturalistisch untersuchen, und sei es, dass man die vordergründige Erzählung mit Hilfe von Gegensatzpaaren auflöst, zwischen Kultur und Natur, männlich und weiblich, innen und außen, Geburt und Tod differenziert. So betrachtet ist Bella, die große Tiermutter, die nachts im Stall steht und ihre eigenen Träume träumt, deren Erinnerungen „aus ihrem schweren Leib aufsteigen und im trägen Lauf des Blutes niedersinken", dem Mann zuzuordnen, der jenseits der Wand am Brunnen stehend gerade in dem Augenblick in Stein verwandelt wurde, als er seine Hand zum Gesicht führte, um dieses zu waschen. Die Ich-Erzählerin wiederum reflektiert sich in ihrer Kusine Luise, einer gesunden Person mit bemalten Lippen und rotblonden Locken, einer leidenschaftlichen Jägerin, die den Haushalt verabscheut und mit jedem Mann anbändelt.

Ein bemerkenswertes Gegensatzpaar findet sich dort, wo das nutzlos gewordene Auto der Kuh Bella zugeordnet wird: „Er war fast neu, als wir damit herkamen. Heute ist er ein grünüberwuchertes Nest für Mäuse und Vögel. Besonders im Juni, wenn die Waldrebe blüht, sieht er sehr hübsch aus, wie ein riesiger Hochzeitsstrauß. Auch im Winter ist er schön, wenn er im Rauhreif glitzert oder eine weiße Haube trägt. Im Frühling und Herbst sehe ich zwischen den braunen Stengeln das verblaßte Gelb der Polsterung, Buchenblätter, Schaumgummistückchen und Roßhaar, von winzigen Zähnen herausgerissen und zerzupft. Ein herrliches Heim ist Hugos Mercedes geworden, warm und windgeschützt. Man müßte mehr Autos in den Wäldern aufstellen, sie gäben gute Nistplätze ab. Auf den Straßen über Land stehen sie wohl zu Tausenden, überwuchert von Efeu, Brennesseln und Gebüsch. Aber sie sind ganz leer und unbewohnt. Ich sehe das Wuchern der Pflanzen, grün,

satt und lautlos.“[8] Während bei der Kuh neues Leben von innen nach außen drängt, wird das Auto, Technik also, von außen besiedelt, überwuchert.
Wer immer diesen außergewöhnlichen Roman liest, den Rhythmus dieser einfachen und doch genauen Sprache auf sich wirken lässt, die Beschreibungen oft genug banaler Tätigkeiten, der wird begreifen, dass sich seine Wirkung weniger dem Beschriebenen als dem Assoziierten verdankt. Bei wiederholter Lektüre drängen sich dem Leser (zumindest mir) andere Bilder auf. Statt einer Gebirgslandschaft mit Tieren sehe ich eine bürgerliche Wohnung, einen Kühlschrank, ein Auto, muss ich an gemeinsames Essen und Familienausflüge denken. Wie Defoe entfaltet auch Haushofer ein übersichtliches, geradezu häusliches Tableau. Da steht das Jagdhaus, dort fließt ein Bach, da liegt die Waldwiese, dort ein Acker, eine Alm mit Hütte, dann der Wald. Bevölkert wird dieses Tableau neben der Ich-Erzählerin von Tieren, mit deren Hilfe sich in dem von der Autorin wohl als bedrückend erlebten Alltag eine Gegenwelt formulieren lässt: „Im Traum bringe ich Kinder zur Welt, und es sind nicht nur Menschenkinder, es gibt unter ihnen Katzen, Hunde, Kälber, Bären und ganz fremdartig Geschöpfe. Aber alle brechen sie aus mir hervor, es ist nichts an ihnen, was mich erschrecken oder abstoßen könnte. Es sieht nur befremdend aus, wenn ich es niederschreibe, in Menschenschrift und Menschenworten. Vielleicht müßte ich diese Träume mit Kieselsteinen auf grünes Moos zeichnen oder mit einem Stock in den Schnee ritzen. Aber das ist mir noch nicht möglich. Wahrscheinlich werde ich nicht lange genug leben, um so weit verwandelt zu sein.“[9] Trotzdem, Marlen Haushofer, nicht Émile Zola, John Berger oder Beat Sterchi verdanken wir die bemerkenswerteste Kuhgeschichte. Sie lässt uns daran den-

ken, dass Kühe wie andere Tiere auch Geschöpfe sind und nicht Maschinen. Angesichts der heutigen Rinderhaltung, in die endlos Futter, Wasser, Embryonen, Kälber und Kühe eingespeist werden, da lohnt sich die Vorstellung, dass es einmal nur noch eine, und zwar eine letzte Kuh geben könnte. Die letzte Kuh: Keine abwegige Vorstellung. Aber anders als in Haushofers Roman wird sich diese dort finden, wo Kühe endgültig der maschinell organisierten Ausbeutung unterworfen sein werden. Heute erleben wir kulturgeschichtlich diesen Übergang, in dem nicht nur das Rind, sondern auch der Mensch neu definiert wird.

---

1 Marlen Haushofer, *Die Wand*, Berlin 2004 (1963), S. 63.
2 Ebd., S. 185.
3 Ebd., S. 53.
4 Ebd., S. 266.
5 Ebd., S. 105–106.
6 Ebd., S. 44.
7 Ebd., S. 185.
8 Ebd., S. 222.
9 Ebd., S. 235.

Experten, die sich mit Fragen des Herdenmanagements beschäftigen, denken an Sojaschrot, Futtermischungen, Pansenaktivität, Laktationsdauer, an Steuerungssysteme und Schleusen, die sich automatisch in diese oder jene Richtung öffnen, an ökonomische Zielsetzungen. Unter den heutigen Kuhstallplanern finden sich wohl nur wenige, die Science Fiction lesen, dabei tragen Melkroboter Namen, die dem Genre entlehnt sein könnten: Galaxy[1], Astronaut A3, Robotex, Rotary, Merlin etc. Dabei haben sich Aldous Huxley wie andere Autoren mit durchaus verwandten Fragen beschäftigt, allerdings nicht auf Kühe, sondern auf Menschen bezogen. Huxley schrieb, ein wirklich leistungsfähiger totalitärer Staat wäre ein Staat, „in dem die allmächtige Exekutive politischer Machthaber und ihre Armee von Managern eine Bevölkerung von Zwangsarbeitern beherrscht, die zu gar nichts gezwungen zu werden braucht, weil sie ihre Sklaverei lieben."[2] Herrschaft, die sich der Verhaltensdispositionen jener bedient, die es zu kontrollieren gilt, hat sich allemal effizienter als brachiale Gewalt erwiesen. Die Science Fiction hat zahllose Modelle totalitärer Herrschaft durchgespielt. Die spannendsten finden sich dort, wo sich Menschen aus eigenem Antrieb in ihre Unterwerfung schicken, in denen Menschen glauben, sich frei zu bewegen, obwohl all ihre Bewegungen vorgegeben sind, mehr noch, selbst jene Energie genutzt wird, die bei der Befriedigung von Bedürfnissen frei wird.

Edward Morgan Forster hat sich in seiner Erzählung *Die Maschine bleibt stehen* als einer der ersten genauer mit den Schattenseiten einer Welt beschäftigt, die ihren inneren Zusammenhalt der Befriedigung von Bedürfnissen verdankt. In seiner Erzählung ist die Erde längst verseucht, unbewohnbar geworden. Die

Menschen haben sich ins Erdinnere zurückgezogen. Sie leben als Monaden in wabenartigen Zellen, strikt von anderen Menschen getrennt: „Stellen Sie sich, wenn Sie können, einen kleinen Raum vor, sechseckig wie die Zelle einer Bienenwabe. Weder ein Fenster noch eine Lampe erhellt ihn, und doch ist er von sanftem Glanz erfüllt. Es gibt keine Öffnungen für die Ventilation, aber die Luft ist frisch. Musikinstrumente sind nicht vorhanden, dennoch hallt in dem Augenblick da meine Betrachtung beginnt, dieser Raum von melodischen Tönen wider. In der Mitte steht ein Lehnsessel, an seiner Seite ein Lesepult – nichts weiter an Mobiliar. Und in dem Lehnstuhl sitzt eine bekleidete Masse Fleisch, eine Frau, ungefähr fünf Fuß groß, mit einem Gesicht weiß wie ein Schwamm."[3]

Das ganze Leben ist in einer und durch eine Maschine organisiert, die alle Bedürfnisse befriedigt, die Betten aus dem Boden wachsen lässt, fühlt sich jemand müde, die für Nahrung sorgt, ist jemand hungrig, aus den Wänden eine Badewanne formt, will jemand ein Bad nehmen. Sogar der Boden stülpt sich hoch, hat jemand aus Versehen ein Buch fallen lassen. Kontakt mit Mitmenschen geschieht über eine Art Bildtelefon. Einziger Lebensinhalt ist die permanente Suche nach neuen Ideen. Diese können nicht verrückt genug sein, aber mit eigenen Erfahrungen dürfen sie nichts zu tun haben. Die Menschen vermögen die Inhaltsleere des verkabelten Informationsaustausches ebensowenig zu sehen wie die Tatsache, dass ihnen alle Möglichkeiten abhanden gekommen sind, auf das Leben und die Welt gestaltend Einfluss zu nehmen. Die Maschine hat „die Pflichten gegenüber Nachbarn" absorbiert. Mag sie auch Menschenwerk sein, so hat sie sich doch längst selbständig gemacht. Sie nährt nicht nur, sondern überantwortet jene dem Tod, die sich nicht in ihr Programm fügen. Neugeborene, die den Vorgaben nicht entsprechen (alle Betten sind gleich groß), werden aus ähnlichen Gründen eliminiert wie in heutigen Kuhställen alle Tiere, die den technologischen Vorgaben nicht entsprechen. Konsequent werden ebenso jene aussortiert, die sich nicht in die Ordnung fügen, und sei es nur, dass sie wirkliche Neugier entwickeln. Als „Heimatlose" werden sie an der unwirtlich gewordenen Erdoberfläche ausgesetzt, wo sie dem Erstickungstod preisgegeben sind. Die von Forster beschriebenen Menschen haben dem Kollaps ihrer Welt nichts entgegenzusetzen. Anfangs beklagen sie noch, dass der mechanische Arzt nicht mehr wie gewohnt von der Decke herunterfährt, um Thermometer oder Tabletten in den Mund zu schieben, Bett und Badewanne sich nicht mehr den Wünschen entsprechend aus dem Boden formen, oder der Musikgenuss durch Nebengeräusche gestört wird. Schließlich fügen sie sich einfach in ihr Schicksal.

Eine ähnlich organisierte Gesellschaft beschreibt Franz Werfel in seinem „Reiseroman" *Stern der Ungeborenen*. Alle Bedürfnisse werden befriedigt. Auch hier ist jede produktive Arbeit überflüssig geworden. Die Astromentalen, Werfels Menschen der Zukunft, verfügen auch nach zweihundert Jahren über einen jugendlichen Körper. Ihr Leben kennt kein Leid, aber auch das Glück der Freiheit nicht. Wem der Tod (das Wort darf nicht ausgesprochen werden) bestimmt ist, der wird in dem im Erdinneren gelegenen „Wintergarten" durch ein retrogenetisches Verfahren zurückverwandelt, um schließlich als eine von abermillionen Margariten auf einem Acker zu enden. Freiwillig fügen sich die Menschen in die fabriksmäßig organisierte Entsorgung. Am Eingang zum Wintergarten Schrifttafeln mit der Weisung: „Vertraue dem Animator und seinen Badedienern!" Unbehagen überfällt nur den Zeitreisenden: „Ich spürte aber sofort, daß der gute behagliche Empfang einen bestimmten Zweck hatte. Alles sollte hier schnell gehen, ehe man recht zur Besinnung kam. Während man einander anlachte und ankomplimentierte, wurden Herren und Damen und vorzüglich die Ehepaare unmerklich voneinander getrennt. So betrog man sie über den Schmerz des Abschieds hinweg."[4] Die einzelnen werden nicht nur genauestens erfasst, sie werden in eine bearbeitbare Abfolge aufgelöst. Bereits dies nimmt ihren Tod vorweg. Werfels Astromentale sind zwar nicht wirklich religiös, aber ihr Leben wird durch zahllose Tabus bestimmt. Dies gilt auch für die Menschen in Edward Morgan Forsters Erzählung, welche die Maschine als göttliche Instanz betrachten: „Die *Maschine* [...] nährt und kleidet uns, gibt uns ein Zuhause; durch sie sprechen wir miteinander, durch sie sehen wir einander, in ihr haben wir unsere Existenz. Die *Maschine* ist ein Freund von Ideen und ein Feind des Aberglaubens. Die *Maschine* ist allmächtig, ewig. Gesegnet sei die *Maschine*!"[5]

Die Religion trennt den Menschen vom Tier. Ich erinnere mich an eine Schafherde in einem eingezäunten Gelände, die seit Tagen vor sich hin hungerte. Nach langen Tagen sah ich einen silbergrauen Lieferwagen, der sich langsam auf dem Feldweg näherte. Die Schafe, selbst die Lämmer, die dieses Auto noch nie gesehen haben konnten, gerieten in höchste Aufregung. Der Wagen gehörte dem Besitzer der Herde. Das sich anhebende Geblöke wie auch die Freudensprünge der Lämmer ließen mich denken, diese Schafe würden ihren Besitzer und Nährer (er nährte sie schlecht) wohl als gottähnliches Wesen betrachten. Dabei kam er vielleicht nur deshalb, um einige der größeren Lämmer zum Schlachten abzutransportieren. Ein Schafhalter mit künstlichem, schief sitzendem Gebiss als Gott, diese Vorstellung gefiel mir und beschäftigte mich einige Tage lang: Mimetik, Epiphanie, das silbergraue Auto und so fort. Mit einem Gott wollte ich schon lange einmal sprechen, und sei es nur ein vergänglicher Gott, ein Gott mit falschen Zähnen. Die Unterhaltung war dann allerdings ernüchternd. So muss es den Azteken mit Cortez ergangen sein. Das Gespräch mit dem Gott der Schafe endete damit, dass ich frisches Lammbeuschel bestellte. Die Aufregung der Herde hatte nichts mit Religion zu tun, sondern mit der Erfahrung, dass das Erscheinen des Mannes den Wechsel auf eine saftige Wiese, Salz oder Kraftfutter ankündigte. Schafe sind genügsam. Mit einfachen Mitteln lässt sich so eine Herde bewirtschaften. Komplexer sinnstiftender Aufladungen bedarf es nicht.

Voraussetzung aller Religion ist das Wissen um den Tod, die Vorstellung von Transzendenz, mag sie noch so fraglich sein. Aber es kommt nicht darauf an, ob sich die Versprechungen eines jenseitigen Lebens erfüllen oder ob wir einzig wieder in unsere Grundbestandteile zerfallen. Entscheidender ist, dass wir über solche Vorstellungen verfügen. Eine Schafherde kann durch Dinge, die uns höchst nebensächlich erscheinen, in eine große Aufregung geraten – man denke etwa an ein Schaf, das einen Weidezaun übersprungen hat und nun von der Herde getrennt ist –, aber Sterben und Tod eines an der Moderhinke erkrankten Tieres lässt sie kalt.

In der Science Fiction finden sich genügend Beispiele, in denen Menschen von Kolonisatoren unterschiedlichster Art – wohl deshalb musste ich an Cortez denken – wie Tiere gehalten werden, in Zoos, Schaustellungen, oder auch einfach als Nutztiere. In Friedrich Freksas Roman *Druso oder: Die gestohlene Menschenwelt* (1931) haben Drusonen, intelligente Rieseninsekten, die Erde erobert. Eine hochentwickelte Zivilisation fällt auf die Entwicklungsstufe der Bronzezeit zurück. Ihre Religion

verdankt sich dem rationalen Kalkül ihrer Kolonisatoren, die die Menschen wie Nutztiere halten, die Frauen als Milchkühe: „In einem besonderen Wäldchen wurden die Frauen gehegt, die Milch geben sollten. Die Drusonen hatten Maschinen erfunden, die an die Brüste gesetzt wurden, und die Frauen wurden mit besonderer Nahrung gefüttert, die eine Verlängerung der Milchperiode ermöglichte. Sonst hatten sie es gut. Sie wurden alle sehr dick, da sie wenig Bewegung hatten, wurden aber sehr sauber gehalten, dreimal am Tage gescheuert und abgebürstet von alten Melkerinnen. Einzelne Drusonen ließen sich Frauen kommen und sogen an der lebendigen Mutterbrust. Das schmerzte, und jede Frau fürchtete diesen Dienst. Aber es dauerte nicht lange, denn die Drusonen waren Feinschmecker. Sie unterschieden die Frauenjahrgänge und sogar die Rassen nach der Milch. Jede Frau war nach Alter und Herkunft auf dem Rücken gestempelt, und die gleichen wurden zusammengelegt und gleichmäßig behandelt. Es war ein wissenschaftliches System, nach dem sie alle Frauen behandelten."[6]
Die meisten Menschen verschwinden allerdings in Schlachthöfen, in denen ihr Fleisch verarbeitet wird. Sie fügen sich aus eigenem Antrieb in den Tod. Die Drusonen werden von den Menschen als allmächtige Götter betrachtet. Sie glauben, das Tor, das sie, angeführt von Priestern, tanzend durchschreiten, führe sie in ein besseres jenseitiges Leben. Tatsächlich handelt es sich um eine banale Schlachtfalle. Die Opfer sind blumengeschmückt, befinden sich nach einem Festmahl in einem tranceartigen Zustand. Dem Schlachthofkomplex ist ein tempelartiger Turm vorgelagert. Beim glücksversprechenden Tor handelt es sich um eine Drehtüre, mit deren Hilfe sich die amorphe Menschenansammlung seriell organisieren lässt: „Jeder einzelne glitt auf einer schiefen Ebene mit erhobenen Armen

→ Rinderprozession. Detail aus der Kirche St. Prokulus bei Naturns, Ende 8. Jahrhundert.

herab. Aus der Wand streckte sich ihm ein spitzer Dorn entgegen, der das Herz genau traf, zumal die Arme sich fingen auf Stangen, die sie nach oben hochhielten. [...] Unter den Achseln hielten den Körper, der noch zuckte, die Stangen. Zwischen die Beine schob sich ein dreieckiger Block, der sie im Gleiten spreizte. So gelangte der gespannte Körper, indem sich die Tür hinter ihm schloß, in einen zweiten langen Raum. Eine metallene Klammer griff um den Rumpf. In einem einzigen Arbeitsgange wurden dem Opfer Kopf, Hände und Füße mit scharfen Messern abgetrennt. Dieser Akt wurde beobachtet und gerichtet durch einen Drusonen der Überameisengattung. Der hielt Hebel und Beobachtungsspiegel unter Kontrolle. Der Kopf am Greifer wanderte für sich weiter. Füße und Hände gelangten fallend in eine Rinne und rutschten hinunter an einen andern Ort. Der dieser Glieder entblößte Rumpf wanderte mit gespreizten Armen und Beinen weiter auf seinem Blockbalken, wurde gestreckt, und nun begannen Messer den Rutschenden zu bearbeiten. Arme, Beine wurden geschlitzt, Einschnitte unten am Körper gemacht, Haken schoben sich ein, Gewichte hängten sich an, und Muskeln und Fett waren in kürzester Frist ausgeschält aus der Haut, die an einem Greifer für sich weiter wanderte. Arme, Schenkel wurden abgetrennt. – Ein großes Messer teilte den Rumpf in zwei Stücke, Fett wurde abgeschabt, kunstvoll oberes Teil vom unteren gesondert, so daß der Rumpf in vier Teilen weiterwanderte auf Platten."[7]

In einem sich verästelnden System streben Körperteile und Organe auseinander, um der Weiterverarbeitung zugeführt zu werden. An den Sortierstellen sind Blinde beschäftigt. Sie lösen die Eingeweide aus, entfernen Drüsen. In einem der Räume werden nach der maschinellen Öffnung des Schädels die Gehirne entnommen und in

Bottiche entleert, die sich, an Drahtseilen hängend, fortbewegen. Was immer sich an den Menschen verwerten lässt, wird genutzt: „ihr Glaube, ihr Wissen, ihre Arbeit, ihre Wärme, ihre Elektrizität, ihre Milch, Fleisch, Knochen, Haar, Haut, Drüsen, Hirn, Saft des Fleisches.“[8] Das Vokabular und die Bilder seiner Schlachthofbeschreibungen hat Freksa Upton Sinclairs *Der Dschungel* entlehnt. Freksa setzt Sinclairs Gott der Schweine, dem jede dieser Schweinepersönlichkeiten teuer ist, dem die Schreie und Todesqualen etwas bedeuten, der jedes Schwein in seine Arme nimmt, um es zu trösten, um es für sein wohlgetanes Werk zu belohnen, Götter entgegen, die keine sind, Kolonisatoren, die sich Masken von Göttern übergestreift haben, um die Unterworfenen um so besser zu beherrschen.
Autoren der Science Fiction, die totalitäre Systeme beschreiben, setzen diesen immer wieder einzelne Menschen entgegen, die ihre Würde abseits aller Versorgung und Kontrolle zu wahren hoffen, die angesichts versorgender und verdummender Herrschaft Mangelerfahrungen und Schmerz einklagen, selbst das Recht auf das Risiko des Todes (Huxley auch das auf die Syphilis). In Werfels Roman wird die Welt vor ihrem Untergang durch das selbstlose Opfer eines Knaben bewahrt, der sich seinem schmerzlosen Verlöschen widersetzt. F.W. ist es erlaubt, durch den Mund dieses Knaben wiedergeboren zu werden, um seinen Reisebericht zu verfassen. Der Roman endet mit F.W.s Wiedergeburt, tatsächlich fällt das Romanende mit Werfels Tod zusammen. Als Werfel seinen Roman schrieb, beschäftigte ihn die Vernichtung des europäischen Judentums, das Verschwinden von Angehörigen oder Bekannten in den nationalsozialistischen Konzentrationslagern. Immer wieder spielt er darauf an, etwa wenn er die Trennung der Angehörigen beschreibt oder

Tafeln mit euphemistischen Aufschriften zitiert, die die Menschen an den Toren des Wintergartens erwarten. Die zeitliche Distanz erlaubt eine ironische Lektüre des Romans, eines Romans, der auch voller Selbstironie ist, was den meisten Autoren der Science Fiction fehlt. Werfel sollte den Zusammenbruch des Nationalsozialismus noch erleben. Er starb im August 1945 in Los Angeles. Werfel dürfte wohl Edward Morgan Forsters Erzählung gekannt haben. Kuno, der Held dieser Erzählung, scheut, um seine Würde zu wahren, den eigenen Tod nicht. Dabei hat er bestenfalls vage Vorstellungen von der Maschine. Er klagt vor allem Erfahrung ein, letztlich den Körper mit seinen Grenzen und seiner Verletzlichkeit. Er will sich nicht länger den Täuschungen distanzlosen Verkehrs hingeben, Entfernungen real erfahren: „Du weißt, dass wir das Gefühl für den Raum verloren haben. Wir sagen ‚der Raum ist ausgelöscht', doch haben wir nicht den Raum ausgelöscht, sondern das Gefühl dafür. Wir haben einen Teil unserer selbst verloren. Ich beschloß, ihn wiederzuerlangen, und begann damit, die Plattform der Bahn außerhalb meines Zimmers auf und ab zu wandern. Auf und ab, bis ich müde war und so die Bedeutung von ‚nah' und ‚fern' zurückeroberte. ‚Nah' ist eine Stelle, zu der ich schnell zu Fuß gelangen kann, nicht ein Ort, an den mich die Bahn oder das Luftschiff schnell hinbringt. ‚Fern' dagegen eine Stelle, wohin ich nicht rasch zu Fuß hin kann; der Schlund ist ‚fern' obwohl ich in achtunddreißig Sekunden dort sein könnte, indem ich die Bahn besteige. Der Mensch ist das Maß. Das war meine erste Lektion. Des Menschen Füße sind das Maß für die Entfernung, seine Hände das Maß für den Besitz, sein Körper das Maß für alles, was liebenswert, wünschenswert und stark ist. Dann ging ich weiter."[9] Kuno will die feindlich gewordene Oberfläche der Erde sehen, den Körper seiner

Mutter spüren: „Ich sehe so etwas Ähnliches wie dich in dieser Scheibe – aber dich sehe ich nicht. Ich höre so etwas Ähnliches wie dich durch das Telefon – doch dich höre ich nicht. Deshalb möchte ich, daß du herkommst." Interessanterweise verfügen die Menschen in Forsters Erzählung ähnlich wie jene in Ri Tokkos *Automatenzeitalter* über keine Vorstellungen mehr, die sich auf Dinge oder Ereignisse bezögen, die in der Zukunft liegen. Kuno klagt nicht nur die räumlichen Entfernungen ein, sondern auch jene Zeit, die zwischen einem Wunsch und seiner Befriedigung liegt. Konsequent lässt Forster Kuno mit allen anderen umkommen, allerdings um Erfahrungen reicher, die ihn erst zu einem menschlichen, selbstbestimmten Wesen gemacht haben. Für Forster bildet die Anerkennung von Schmerz und Tod, also das, was man mit Flusser die „kalte Außenluft" nennen könnte, aber auch die Unzulänglichkeiten des menschlichen Körpers, die Voraussetzung zwischenmenschlicher Begegnung und menschlicher Würde.

---

1 Galaxie, altgriechisch γαλαξίας: Milchstraße. Mit einer Milchstraße haben wir es buchstablich zu tun. Wohl werden jene, die dem Roboter den Namen gaben, nicht daran gedacht haben, dass γαλα nicht nur Milch meinte, sondern übertragen die Anfangslehren des Evangeliums, auch nicht daran, dass die Athener während ihres Milchfestes Γαλάξια der Göttermutter Milchbrei opferten.

2 Aldous Huxley, *Schöne neue Welt*, Frankfurt am Main 2000 (1932), S. 16. Vorwort aus dem Jahr 1949.

3 Edward Morgan Forster, „Die Maschine bleibt stehen"; in: Erik Simon / Olaf R. Spittel (Hg.), *Duell im 25. Jahrhundert. Geschichten von glücklichen Welten und kommenden Zeiten*, Berlin 1987 (1909), S. 384.

4 Franz Werfel, *Stern der Ungeborenen. Ein Reiseroman*, Frankfurt am Main 1988 (1946), S. 579.

5 Edward Morgan Forster, a.a.O., S. 418.

6 Friedrich Freksa: *Druso oder: Die gestohlene Menschenwelt*, Berlin 1931, S. 283–284.

7 Ebd., S. 259–260.

8 Ebd., S. 262.

9 Edward Morgan Forster, a.a.O., S. 403–404.

RINDERSTÄLLE ALS EXPERIMENTIERRÄUME DER MENSCHENSTEUERUNG

In automatisierten Rinderbetrieben haben wir es mit Kühen und nicht mit Menschen zu tun. Und dennoch bestimmen ähnliche Technologien zunehmend unseren Alltag. Wie in modernen Kuhställen öffnen sich heute viele Türen nur noch dann, wenn nach einer elektronischen Identifikation eine Berechtigung oder ein Anspruch bestätigt wird. Ein Bankomat funktioniert nicht viel anders als ein moderner Kraftfutterausgabeautomat. Wie Kühe sind wir zum Interagieren mit Maschinen angehalten, da wie dort wird ausgeschüttet, ist die Identifikation Voraussetzung jeder Ausschüttung. Manche der auf Rinderhaltung spezialisierten Konzerne engagieren sich heute auch in Bereichen der Verkehrssteuerung, der Optimierung von Bewegungsabläufen und so fort.

Eine Schulkantine lässt sich mittels neuer Technologien effizienter, vor allem aber mit deutlich geringerem Personaleinsatz organisieren. Voraussetzung ist wie in modernen Kuhställen die eindeutige Identifizierung jedes einzelnen Schülers aufgrund eines biometrischen Merkmals, etwa des Fingerabdrucks. Die Bestellung des gewünschten Menüs erfolgt wie die monatliche Abrechnung auf elektronischem Weg. Viele Interaktionen werden so überflüssig. Solche Systeme sind ausbaufähig. Sie lassen sich auf Bibliotheken ebenso wie zur Disziplinierung von Schulschwänzern anwenden. Die Beschädigung oder Verschmutzung von Toilettenanlagen – ein Problem an öffentlichen Schulen – lässt sich verhindern, geht deren Benützung eine eindeutige Identifikation voraus.

Ein anderes Beispiel findet sich in der elektronischen Fußfessel, dank derer Verurteilte die Strafe in ihrer

Wohnung oder an ihrem Arbeitsplatz „absitzen“ können. Das System steckt noch in den Anfängen, erinnert es doch noch – mag sich die Überwachung auch gewandelt haben – an das Benthamsche’ Panoptikum. Zweifellos wird sich die elektronische Fußfessel, nicht viel anders, als dies in modernen Kuhställen zu beobachten ist, von der bloßen Überwachung hin zum interaktiven System entwickeln. Dann werden Computerprogramme aufgrund einer Vielzahl erhobener Daten die faktische Strafdauer bestimmen. Von Krankenhäusern, Liftanlagen, der Steuerung von Verkehrsflüssen bis hin zur Zielgruppenbewirtschaftung finden sich zahllose Beispiele, in denen Erfahrungen modernen Herdenmanagements effizient umgesetzt sind.

Und wie in modernen Kuhställen jedes Tier vom Schatten seiner Datenexistenz begleitet wird, produzieren wir unweigerlich an vielen alltäglichen Passagepunkten und Schnittstellen unseren Datenschatten. Balzacs Befürchtungen, wonach eine fotografische Porträtsitzung dem Abziehen der Haut gleichkomme, werden heute dort zur Wirklichkeit, wo wir ähnlich wie Kühe in der modernen Milchwirtschaft tagtäglich an zahllosen Punkten Text produzieren. Der künftige Mensch wird von Kindesbeinen an in einem ständigen Abblättern begriffen sein. Von der „elektronischen Patientenakte von der Wiege bis zur Bahre“ sind wir nicht mehr weit entfernt, wobei noch hinzuzufügen wäre, dass diese Akte vielfach nicht bei der Wiege, sondern bereits im Embryonalzustand oder bereits bei der Auswahl von Ei und Samenzellen beginnen wird. Wie die Kühe in der modernen Rinderhaltung speisen wir als Patienten durch jeden Laborbefund, durch jedes CT, Text in ein für uns höchst diskretes System ein, ein System, das uns fortschreibt, ein System, das letztlich niemand mehr zu überblicken vermag. Wir werden verrechnet mit unzähligen anderen Krankengeschichten und produzieren so unseren Krankheitsverlauf mit wie dieser dadurch bereits vorweggenommen ist. In ihrer Struktur kennt die moderne Medizin wenig Unterschied zu heutigen Kuhställen. Vergleichbare Identifikationssysteme gibt es ja bereits, „Handfesseln", die dann Alarm schlagen, steht das Herz plötzlich still, sinkt die Sauerstoffsättigung unter den errechneten Normwert, als Uhren getarnte Handfesseln, die kund tun, verlässt ein verwirrter Patient das Krankenhausareal. Zweifellos werden in absehbarer Zeit Computerprogramme bestimmen, welche Medikamente „verschrieben" werden, oder auch, wann der Abbruch einer Behandlung angezeigt ist. Unsere Pässe werden in absehbarer Zeit mit dem Körper verschmelzen.[1] Und sollte eine Pandemie ausbrechen, dann werden die in der Bekämpfung von Tierseuchen entwickelten Verfahren auch im Humanbereich zur Anwendung kommen. Keine Angst! Es wird ein schmerzloser Tod sein, mehr noch, wir werden uns selbst in die Behandlung fügen.

Wir haben es mit lauter praktischen Erfindungen zu tun, die von sich behaupten, das Leben zu erleichtern, angenehmer oder sicherer zu machen. An die Stelle von Schlüsseln treten Fingerprint-Scanner oder implantierte Chips. Mittlerweile wurden bereits Tausende von Chips in menschliche Körper verpflanzt. Kontodaten, Medikamente, Blutgruppe, Krankheiten wie vieles andere, etwa Zugangsberechtigung in ein Luxusetablissement, können eingegeben werden. Dank implantierter Chips wird der Notarzt sofort mit einem Lesegerät jede Medikamentenunverträglichkeit seines Patienten erkennen, und dies auch dann, sollte dieser bewusstlos sein. Sollte es etwa nicht praktisch sein, dass man auf Flughäfen niemand mehr nach dem Weg fragen muss? Sollte es nicht praktisch sein, dass

Patienten in heutigen Krankenhäusern nicht mehr verwechselt werden, dass sich die Pflegedokumentation weitgehend automatisieren lässt, wodurch unnötige Schreibarbeit wegfällt? Dass Verbrecher und Terroristen identifiziert werden, noch bevor sie Unheil anrichten können? Unbeachtet bleibt dabei, dass all diese Technologien das Leben, das Verhältnis der Menschen zueinander ebenso wie das, was wir unter Wahrnehmung verstehen, neu definieren. Vor so vielen praktischen Erfindungen muss man sich fürchten.
Die heutigen Möglichkeiten der Überwachung lassen an eine gläserne Gesellschaft, an eine Gesellschaft denken, in der eine wie immer geartete Minderheit eine Mehrheit kontrolliert. Die totalitären Systeme des zwanzigsten Jahrhunderts haben jedoch gezeigt, dass Herrschaft dieser Art störungsanfällig und mit enormen Reibungsverlusten verbunden ist. Herrschaft der Zukunft wird sich die Erfahrungen des in der Rinderhaltung entwickelten Herdenmanagements zu eigen machen, das Wissen, dass sich Kontrolle dann effizienter organisieren lässt, fügen sich Menschen aus eigenem Antrieb in ihre Unterwerfung, fallen Unterwerfung und Versprechen in eins, strenge man sich nur genügend an. Herrschaft neuen Zuschnitts wird sich systematisch Verhaltensdispositionen zunutze machen, auf die Befriedigung von Bedürfnissen setzen (so betrachtet ist das geforderte Grundeinkommen kritisch zu sehen), sie wird Menschen, oft genug ihrer Ressourcen wie sozialer Netze beraubt, ständig in Bewegung halten. Nicht anders als Kühe werden wir zahllose „Qualitäts-“ und „Selektionstore“ passieren. Selbstgewissheit wird der kommende Mensch vor allem an Passagepunkten erfahren, insbesondere dann, wenn ihm bewusst wird, von der Befriedigung von Bedürfnissen ausgeschlossen zu sein. An Sperrgittern, die erst

dann wahrgenommen werden, wenn sie sich nicht mehr öffnen, wird in jenem Augenblick, an dem die implantierten Mikrochips nicht mehr Zugehörigkeit, sondern Ausschluss bedeuten, Selbstgewissheit eintreten.
Freilich lassen sich Rinderställe leichter organisieren als eine menschliche Gesellschaft. Die Welt des Menschen ist nicht allein in höchstem Maß symbolüberfrachtet, menschliche Bedürfnisse sind wesentlich komplexer organisiert als die von Tieren. Ein analoges Herrschaftsmodell bedürfte also eines sinnstiftenden Kultes. Wenn es Ansätze dazu gibt, dann sind diese in der umfassenden Ökonomisierung menschlichen Lebens zu sehen. Walter Benjamin sah in Abgrenzung zu Max Weber im Kapitalismus nicht nur ein „religiös bedingtes Gebilde", sondern eine „essentiell religiöse Erscheinung". Er dachte sich den Kapitalismus als reine Kultreligion, „vielleicht die extremste, die es je gegeben" habe.[2] Man müsse ihn als Kult von permanenter Dauer begreifen, gäbe es doch keinen Wochentag, „keinen Tag[,] der nicht Festtag in dem fürchterlichen Sinne der Entfaltung allen sakralen Pompes[,] der äußersten Anspannung der Verehrenden wäre."
Arbeitsfreie Tage werden heute als Tage des Konsums verstanden. Subtiler ist eine weitere Bemerkung Benjamins, nämlich jene von der „äußersten Anspannung der Verehrenden". Dies lässt sich in jedem Shoppingcenter eindringlich beobachten. Übrigens nahm Émile Zola Benjamins Überlegungen in seinem Kaufhausroman *Paradies der Damen* (1883) vorweg. Darin weckt der junge Unternehmer Octave Mouret, Betreiber eines riesigen Wäschehauses, die Kauflust der Frauen mit Billigangeboten, worauf diese ohne jedes Bedürfnis den Angeboten erliegen: „Seine Schöpfung führte eine neue Religion herauf, die Kirchen, die der wankende Glaube nach und nach veröden ließ, wurden in den nun unbe-

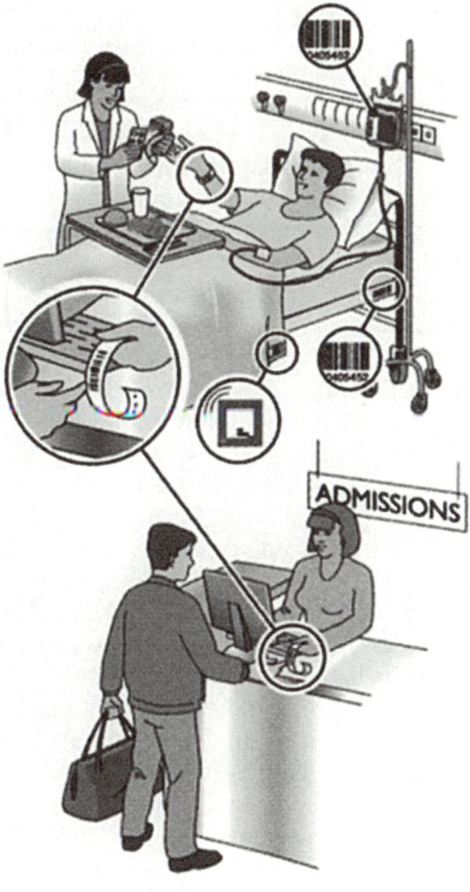

→ Man beachte die Bereitschaft des auf der Zeichnung abgebildeten Patienten, sich codieren zu lassen: „Patienten und das an ihnen erbrachte Service werden mit der GSRN identifiziert, die bei jeder Behandlung während des gesamten Spitalsaufenthaltes in einer Datenbank registriert wird und abzulesen ist.“ Werbeeinschaltung des Unternehmens GS1 Austria in *ÖKZ* 05/2007. Graphik: Laurent Baudchon.

schäftigten Seelen durch seinen Basar ersetzt. Die Frau verbrachte jetzt bei ihm ihre leeren Stunden, die Stunden des Schauderns und der Unruhe, die sie einst in den Kapellen verlebte: unerläßliche Verausgabung nervöser Süchtigkeit, wiederauflebender Kampf eines Gottes gegen den Gatten, unaufhörlich erneuerter Kult des Körpers, dazu das göttliche Jenseits der Schönheit. Wenn er seine Türen geschlossen hätte, wäre auf der Straße ein Aufstand ausgebrochen, das verzweifelte Geschrei der Frommen, die man daran hindern wollte, zur Beichte und zum Tisch des Herrn zu gehen."[3]

In der heutigen Konsumgesellschaft, die in der Werbung ihren besonderen Ausdruck findet, haben wir es gleichermaßen mit Heilsversprechen wie dem Postulat einer auch künftig unvollkommenen Welt zu tun (es werde stets bessere Produkte, Rinder oder auch Menschen geben). Die alte Frage, warum Gott in seiner Vollkommenheit das Übel in der Welt zulasse, wird heute in der Werbung behandelt. Moden lassen sich wiederum als Kurzzeitreligionen begreifen, Marketing als Gottesdienst am Kunden, Produkte wiederum als Fetische, denen über ihren eigentlichen Gebrauchswert hinaus ganz andere Funktionen zukommen.[4] Während man früher den Namen Gottes nur unter Vorbehalt aussprechen durfte, so ist heute das Wort „Kapitalismus" zum eigentlich unaussprechbaren Wort geworden. Ein wesentliches Merkmal aller Religion ist, dass sich diese nicht besprechen lässt. Im Gegensatz zur heutigen Konsumreligion verfügt das Christentum über eine lange Tradition des Zweifels wie des Bemühens um den wahren Kern. Der Kapitalismus funktioniert dagegen weitgehend aus sich selbst heraus, oder um es mit Walter Benjamin zu sagen, ohne „spezielle Dogmatik", ohne jede Theologie. Wir haben es mit einem diesseitigen Kult zu tun, dessen Anleihen am Inventar traditioneller Religionen unübersehbar sind. Dieser Kult kennt Opfer und Heilsversprechen, Bußübungen wie zahllose Tabus. Auffallenderweise beklagen sich die Verlierer der heutigen Gesellschaft nur noch wenig. Neben Strategien, auch noch einige der von den Tischen der Reichen abfallenden Brosamen zu erhaschen, fühlen sich die meisten dieser Menschen selbst schuld. Im Gegensatz zu den literarischen Entwürfen totalitärer Herrschaft, auch zu den totalitären Systemen des zwanzigsten Jahrhunderts, lässt sich Herrschaft, und dies trotz obszönster Einkommensunterschiede, nur noch bedingt benennen. Wir fügen uns selbst in das, was von uns erwartet wird, mag ein Gegenüber oder ein Oben solcher Erwartungen auch längst nicht mehr identifizierbar sein. Der moderne Mensch konsumiert seine Unterwerfung.

1 Während man bei Tieren, die zum Verzehr bestimmt sind, von Implantaten abgekommen ist (jemand könnte an einem verschluckten Chip ersticken), steht dem beim Menschen nichts entgegen.

2 Walter Benjamin, „Kapitalismus als Religion"; in: Dirk Baecker (Hg.), *Kapitalismus als Religion*, Berlin 2003, S. 15–18.

3 Émile Zola, *Paradies der Damen*, Gütersloh o.J., S. 700.

4 Vgl. etwa Norbert Bolz / David Bosshart, *KULT-Marketing. Die neuen Götter des Marktes*, Düsseldorf 1995.

BIOGRAPHIE

Bernhard Kathan, geb. 1953 in Fraxern, Vorarlberg. Lebt und arbeitet als Kulturhistoriker, Künstler und Autor in Innsbruck. Beschäftigt sich seit langem mit der Geschichte von Schmerz und Tod, des Mensch-Tier-Verhältnisses, der Organisation des Lebendigen durch die Technik. Betreiber eines experimentellen Museumsprojektes. Zahlreiche Publikationen, u.a. *Das Elend der ärztlichen Kunst. Eine andere Geschichte der Medizin*, Kadmos Kulturverlag 2002; *Zum Fressen gern. Zwischen Haustier und Schlachthof*, Kadmos Kulturverlag 2003; *Strick, Badeanzug, Besamungsset. Ein Nachruf auf die kleinbäuerliche Kultur*, Studienverlag 2006; *Nichts geht verloren*, Libelle 2006; *Das indiskrete Organ. Organverpflanzungen in der Literatur*, Studienverlag 2008. Hörspiele u.a. *Das Wirtshaus zur Hand des Gehenkten*, 2009, *Eins ist Gott. Sechs Leben hat meine Geliebte. Für den Transport lebender Tiere zur Tötung hat der Landeshauptmann zu sorgen*, 2002.

www.hiddenmuseum.net

BÜCHER / CD'S
AUS DEM MARTIN SCHMITZ VERLAG

Frank Behnke
Das System Klaus Beyer
128 Seiten, gebunden, ISBN 978-3-927795-38-9
Das große Klaus Beyer-Beatles Buch
192 Seiten, ISBN 978-3-927795-24-2

Guðbergur Bergsson
Flatey-Frey
80 Seiten, deutsch/isländisch, ISBN 978-3-927795-43-3

Tabea Blumenschein
Das Kreuz der Erfahrung
80 Seiten, ISBN 978-3-927795-06-8

Andreas Brandolini
Der Haken - Texte über Design
96 Seiten, ISBN 978-3-927795-01-3
Kamingespräche – Designerinterviews & Monologe
192 Seiten, ISBN 978-3-927795-16-7

Lucius Burckhardt
Wer plant die Planung?
Architektur, Politik und Mensch
360 Seiten, ISBN 978-3-927795-39-6
Warum ist Landschaft schön?
Die Spaziergangswissenschaft
360 Seiten, ISBN 978-3-927795-42-6

Jörg Buttgereit
Japan - Die Monsterinsel
256 Seiten, gebunden, ISBN 978-3-927795-44-0
Nekromantik
232 Seiten, deutsch/englisch, ISBN 978-3-927795-46-4

Frieder Butzmann
Musik im Großen und Ganzen
272 Seiten, Abbildungen, ISBN 978-3-927795-47-1

Françoise Cactus
Autobigophonie - Hörbuch
CD, ISBN 978-3-927795-41-9
Wollita - Vom Wollknäuel zum Superstar (mit Wolfgang Müller)
80 Seiten und CD, ISBN 978-3-927795-40-2

Die Tödliche Doris
Band 3 - Kunst/Art
128 Seiten, deutsch/englisch, gebunden, ISBN 978-3-927795-20-4
Band 4 - Kino/Cinema
144 Seiten, deutsch/englisch, gebunden, ISBN 978-3-927795-37-2

Heinz Emigholz
Normalsatz - Siebzehn Filme
336 Seiten, ISBN 978-3-927795-18-1
Das schwarze Schamquadrat
288 Seiten, ISBN 978-3-927795-09-9

Derek Jarman
Blue - Das Buch zum Film
72 Seiten, deutsch/englisch, ISBN 978-3-927795-13-6

Elfi Mikesch
Traum der Dinge
216 Seiten, gebunden, ISBN 978-3-927795-34-1

Wolfgang Müller
Valeska Gert: Ästhetik der Präsenz
Inkl. *Mein Weg* von Valeska Gert, 1931
128 Seiten, ISBN 978-3-927795-51-8
Die Vollmeisenvoliere
Situierte Analysen des Kunstbetriebs
256 Seiten, ISBN 978-3-927795-52-5
Hormone des Mannes
Ein deutsches Lesebuch
160 Seiten, ISBN 978-3-927795-15-0
Blue Tit, Das deutsch-isländische Blaumeisenbuch
288 Seiten, deutsch/isländisch, gebunden, ISBN 978-3-927795-19-8
Islandhörspiele
Doppel-CD, ISBN 978-3-927795-22-8

Rosa von Praunheim
Mein Armloch
120 Seiten, ISBN 978-3-927795-36-5
Rosas Rache – Filme und Tagebücher seit 1960
256 Seiten, gebunden, ISBN 978-3-927795-48-8

→ www.martin-schmitz-verlag.de
→ order@martin-schmitz.de